原子力政策への提言（第二分冊）

防災までを共に考える原子力安全

―原子力発電所が二度と過酷事故を起こさないために―

◆監修：原子力発電所過酷事故防止検討会編集委員会

JISTEC 科学技術国際交流センター

●原子力発電所過酷事故防止検討会編集委員会

委員長　齋藤　伸三　元原子力委員会委員長代理、元日本原子力研究所理事長等

委員長代理　宮野　廣　法政大学大学院デザイン工学研究科客員教授（元日本保全学会副会長）

委員　村松　健　東京都市大学工学部原子力安全工学科客員教授

幹事　小田　公彦　（公社）科学技術国際交流センター専務理事

幹事　小岩井忠道　（国研）科学技術振興機構ポータルサイト編集担当

顧問　阿部　博之　（国研）科学技術振興機構特別顧問（元東北大学総長、元総合科学技術会議議員）

発刊にあたって

原子力政策への提言（第一分冊）「原子力発電所が二度と過酷事故を起こさないために―国、原子力界は何をなすべきか―」を平成二八年一月二〇日に発刊した。それは過酷事故防止検討会の活動の成果報告書（平成二五年四月二二日発行）をもとに、改めて原子力政策への提言として発刊したものであった。福島の事故を反省し、原子力の過酷事故を二度と起こさないために何をすべきか、を議論して、提言としてまとめた。その要点は、想定外の事態への対応には、リスク評価が必要であることを説いたものであった。この活動に引き続き、具体的なリスク評価の取り組みを検討し、社会の理解を得る活動を進めてきたが、リスク評価は広く防災（注）の領域にまで踏み込んだものとして社会と共に考えることが必須であることを結論として得た本書が、専門家に限らず多くの方々にこれを理解いただき、取り組みに活用されることを期待する。

（注）ここで言う「防災」は、災害の発生を防ぐことばかりではなく、災害が発生した場合に受ける被害の大きさを小さくする「減災」も含めるものである。以降、本書ではそれらを総称して、「防災」と表現する。

平成二八年四月一日

原子力発電所過酷事故防止検討会編集委員会

謝辞

本検討は、(一財)新技術振興渡辺記念会のご支援のもと、(公社)科学技術国際交流センターの助勢を得て行ったものであり、同会及び同会事務局の方々のご尽力に感謝する。また、活動に対して外部専門家として次の方々に広い見地よりご意見をいただいた。この場を借りて深く感謝の意を表する。

横浜国立大学　野口和彦教授
日本原子力学会社会・環境部会／日本原子力研究開発機構　佐田 務氏
東北大学　松澤 暢教授
東京大学　糸井達哉准教授
筑波大学　内山洋司名誉教授
日本原子力研究開発機構安全研究センター　本間俊充センター長
福井県安全環境部原子力安全対策課　山本晃弘主任
NPO法人HSEリスク・シーキューブ　土屋智子　理事・事務局長

原子力発電所過酷事故防止検討会委員（平成二八年一月現在の委員）

（主査）
宮野　廣　法政大学大学院デザイン工学研究科客員教授（元日本保全学会副会長）

（委員）
杉山憲一郎　北海道大学名誉教授（元原子力安全委員会原子炉安全専門審査会委員）
中原　豊　（株）三菱総合研究所 常勤顧問
成合　英樹　筑波大学名誉教授（元原子力安全基盤機構理事長、元原子力安全委員会原子炉安全専門審査会審査委員・原子力安全基準専門部会長等）
宮崎　慶次　大阪大学名誉教授（元総合エネルギー調査会原子力安全・保安部会原子炉安全小委員会委員）
谷　和夫　東京海洋大学　大学改革準備室　教授
白鳥　正樹　横浜国立大学名誉教授

（呼びかけ人）
阿部　博之　東北大学名誉教授、科学技術振興機構特別顧問（元東北大学総長、元総合科学技術会議議員）

（支援専門家）

村松　健　東京都市大学工学部原子力安全工学科客員教授

松本　昌昭　（株）三菱総合研究所　原子力安全研究本部　原子力政策・技術基盤グループ主任研究員

（オブザーバー）

石田　寛人　（一社）技術同友会代表幹事

松浦祥次郎　（一社）原子力安全推進協会代表（元原子力安全委員会委員長）

（事務局活動支援）

沖村　憲樹　（国研）科学技術振興機構　特別顧問

篠崎　資志　（国研）海洋研究開発機構　理事

間宮　馨　（公社）科学技術国際交流センター　理事長

小田　公彦　（公社）科学技術国際交流センター　専務理事

岩崎　健一　（公社）科学技術国際交流センター　理事

國谷　実　（公社）科学技術国際交流センター　理事

工藤　裕子　（公社）科学技術国際交流センター　参事

過酷事故防止検討会リスク評価WG／日本原子力学会標準委員会原子力安全検討会リスク活用分科会

村松　健　東京都市大学（検討会委員兼務）
成宮祥介　関西電力（株）
松本昌昭　（株）三菱総合研究所
糸井達哉　東京大学
高田　孝　日本原子力研究開発機構（平成二七年六月まで大阪大学）
野口和彦　横浜国立大学
宮野　廣　法政大学（検討会主査兼務）
牟田　仁　東京都市大学

まえがき

原子力発電所過酷事故防止検討会　呼びかけ人
同　編集委員会顧問
阿　部　博　之

「世界一安全な原子力発電所」との安倍首相の発言は様々な議論を呼んでいるが、福島第一原子力発電所の事故が世界を震撼させたことを踏まえれば、国内はもちろんのこと海外からも評価される原子力安全を構築していくことが日本人の責務であろう。

その大震災から満五年、種々の取り組みはなされてきたが、上記の安全の構築は残念ながら未だ途上である。

福島第一原子力発電所の事故の深刻さは、大量の放射性物質を放出したこと、すなわち過酷事故（重大事故）を引き起こしたことによる。私どもは、〝なぜ過酷事故が起きたのか、二度と起こさないためにはどうすればよいのか〟の課題に取り組むために、原子力発電所過酷事故防止検討会を組織した（平成二四年）。その検討結果をまとめたのが〝報告書〟（平成二五年四月二二日）である。

〝報告書〟の内容を一部復習する。当然のことながら人工物には絶対安全（安全神話）はなく、必ずやリスクが存在する。原子力発電所も例外ではない。このリスクと科学的に向き合うことにより、あらゆる場合を想定して過酷事故の発生を未然に防止する。それにも拘らず万一想定を超える事象が起きた場合に備えて、その影響を最小限に抑え、過酷事故に至らないように防災（減災を含む）を図る。そこでは、ハードウェア面の対策に加えてソフトウェア面の大切さを力説している。要するに〝報告書〟の提言に沿った諸対策を進めれば、安全は大幅に向上し、過酷事故を防止することが可能になる。

〝報告書〟は、中間報告の段階から規制委員会委員長などに説明し、基本線で賛同を得るとともに、提言のいくつかは新規制基準にも反映されたものと考えている。ただしリスクの活用については今後に残されていた。

〝報告書〟の発表以来ほぼ三年が経過した。過酷事故への関心がともすれば薄れつつある現状をも踏まえ、改めて多くの方々に読んでいただきたいと考え、若干の編集の上、本として刊行した。これが第一分冊（平成二八年一月二〇日発行）である。

次のステップについて述べる。その主眼は、第一分冊の提言を具体化するステップであり、リスクに着目した次の二課題が鍵になると考えている。

(a) リスクに基づき、ソフトウェア面を重視した原子力安全の具体化を図る。

(b) 関係者や市民とともに原子力のリスクについて考え、理解を深める。

項目(a)については、政府や事業者が利活用可能なものを目標にする。

さてリスクは個人の価値観や立場などによっても異なる。すなわちリスク評価には科学的な分析や考察が必要であるが、それだけでは十分でなく、社会的な分析や考察が不可欠なのはこのためである。

トランス・サイエンスという言葉がある。「科学に問うことができるが、科学だけでは答えることができない問題群の領域」とされている。科学の定義をどうとらえるかにもよるが、傾聴すべき言葉である。原子力発電はトランス・サイエンスの一例とされている。この言葉を誤解したためか、原子力安全の科学的追究に不熱心な科学者が散見されるのは残念なことである。原子力安全には、科学が依然として必要不可欠であることを改めて強調しておきたい。

科学者の責任についてさらに続ける。

科学者は、政府、事業者などに助言することが期待されているが、科学の原理に悖る妥協は正しくない。また科学者が自治体や住民などの目線、意向を尊重するのは当然であるが、科学的事象は非情であり、科学者はそこから逃げてはいけない。人工物安全は関わる人間の努力に依存するが、現象としての破壊／事故は科学的因果関係によることを忘れてはいけない。

上記の責任の遂行は実は必ずしも容易ではない。米国の宇宙開発の例であるが、科学者に対して上記のような強い警告が出るのは、このことを物語っている。日本の原子力安全においても、噛みしめるべき警告なのである。なお科学者と記述したが、上席の技術者にも当てはまると考える。

以上はリスク評価の科学的な面に焦点を当てた記述であるが、既に述べたように、リスク評価は社会的な面など多面的である。原子力利用においては、原子力やリスクの専門家だけではなく、国（推進、規制）、メーカー、事業者、自治体、地域住民、一般の社会人などと一緒になって、社会全体としてのリスクマネジメントに取り組む必要がある。これらの取り組みの主体が項目(b)である。

人工物安全の基本は、リスクの存在を認めることから始まる。しかし実はこれも容易なことではない。特に原子力発電に対する心情として、小さいリスクでも認めたくないと考える日本人は少なくない。しかしながらリスクをきちんと評価し、それに基づいて安全対策のシナリオを作り上げていくことが、原子力安全を実現する本道であることを重ねて述べておく。

第一分冊に続くステップ、特に項目(a)、(b)の考察をまとめたのが第二分冊である。原子力安全への確かな一歩となる記述と考えており、ご一読頂ければ幸いである。

現行の原子力防災（内閣府の担当）は、地域体制の充実・強化にかかる業務を主目的にしている。大切な業務である。しかし発電所自体の防災が第一に求められることを強調しておきたい。

次にリスク評価の定着化について触れたい。それはリスク評価全体の体系化である。具体的に言えば、設計から防災までの段取りの作成とその基準化である。そこでは、緊急時対策指針とこれに伴う安全評価、避難対策などが含まれる。現場において利用可能な具体策を目指したい。また、テロリストのリスク対応についても対象にしたい。

原子力安全はそもそも固定化されたものではなく、科学技術の進歩、設備／部材の経年劣化、国際標準の変化などの影響を受ける。従って原子力安全の地道な考察／研究開発の継続が必要である。規制委員会を含む行政から見ても利活用可能な仕組みを追求する組織（できれば複数）が望まれる。

また、原子力関連の人材育成も喫緊の課題である。そこではリスクに関する様々な課題発見／解決のトレーニングを期待したい。

これら第二分冊に続く取り組みは、第三分冊で考察する予定である。

目次

要旨

平成二三年三月一一日、わが国における最大級のM９の東北地方太平洋沖地震が発生した。これにより北は三陸沖から南は銚子沖までの全長500㎞×幅200㎞もの地殻が数10ｍも動くという変動が発生し、未曾有の津波が東日本を襲い、多くの発電所が被災することとなった。福島第一原子力発電所には15ｍもの津波が押し寄せ、３つの原子炉の過酷事故という、わが国初の事態となった。これは多くのことを考えさせるものであった。

直接的な原因は自然災害への配慮の不足と不十分な想定であった。一方、さらに深く要因を探ると、全ての自然災害の脅威に着目した対応ではなかったこと、アクシデントマネジメントが不足していたこと、特に自然災害などの外的事象に対する設計基準を超えた事象に対するアクシデントマネジメントが全くできていなかったこと、新たな学術的な知見に対する対応の考え方や仕組みができていなかったこと、設備の機能に対するシステムとしての見方ができず、サポート系機器である電源の喪失によって重要な安全機能を全て失うという事態を想定できず、重要なフロント系機器のほぼ全てを動かすことができないという事態、緊急時の対応が全てできない状況を生んでしまったこと、さらに国を含めて、緊急時の指揮や判断機能などの組織、体制ができず、効果的な対応策が取れなかったことなどが重要な要因としてあげられる。

平成二五年秋に検討会を立ち上げ、原因の分析から得られた教訓を基に、必要な対応策をまとめ、原子力規制委員会に提言するとともに、社会に公表し、提言の実施を促してきた。多くの提案は実行され、原子力発電所の現在の自然災害に対する耐性、安全性は格段に向上した。原子力発電は学術の統合により成り立っていることから、原子力安全の確保における様々な施策には、学術的に幅広い取り組みが求められる。また、原子力安全は単に発電所のもしくは事業者のためのものではなく、原子力安全の特殊性から、その安全は社会とともに考えなければならない。原子力安全の評価の要素は不確実性が高く、定量的に把握できていない因子が多い。自然災害のような現象が複雑で影響の特定が容易ではない事象、不確実性の高いシナリオ要因に対して、リスク評価を行い、シナリオを選択したり、安全策を選択したりすることが必要である。それは、設備の機能喪失を起こさない、安全確保のためばかりではなく、万一の事故時の対応策の選択を判断することにも必要である。原子力発電所の安全確保が住民の安全を高めることを目的とすることから、防災・減災の領域にリスク評価を適用することにより、住民一人一人のみならず社会としての、より安全性の高い対応策の選択が行われる。一つの原子力発電所とその地域住民の地域全体の安全が確保されるものとなる。

膨大なエネルギーを持つ核反応は、人類にもたらされた豊かなエネルギー源であり、これを原子力発電として発展させてきた。しかし、原子力発電は基本的に「放射性物質によるリスク」を内在するものであり、福島第一原子力発電所の過酷事故はそれを顕在化させてしまった。国、地方自治体、学術界、事業者（電力）、メーカーなど原子力発電に関わりを持つ全てのステークホルダーが、それぞれの役割りにおいてその責任を自覚するとともに、「原子力安全」の本質に取り組むことが重要であると認識させられた。設計、運転、そして防災の各領域で役割りに応じて安全確保策に取り組まなければならないが、異常事象発生の防止、その影響の緩和策の施行、そして放射性物質放出事故の発生に対して、いかに被害を防ぎ緩和させるか、リスク評価を介してお互いの分担と効果を確認することが、安全策の実効性をあげる上で重要なことである。特に、今回の一連の検討では、これまでほとんど取り組んでこなかった防災、さらに事故後の復旧まで拡大した広範なリスク評価を提案したい。それにより、原子力安全の事故耐性が格段に良くなることを期待するものである。

以下に、とりまとめた提言を示す。

提言1．原子力安全は、住民を護る、社会を護るためのものである。従ってリスクマネジメントには、住民、社会が参加し、協働する。

原子力安全は、住民、社会を護るためのものであり、リスク目標を定め、リスク評価を受け入れるのも、住民、社会である。原子力安全は、設計、運用、防災の連携で成り立つものである。住民、社会の参加の下で、達成するリスクを定め、評価する仕組みを構築することが必須である。

提言2．深層防護に基づく安全確保を基本とする。

施設をつくり、その保全を行うにあたってはその要求に基づき十分に安全を確保する設計を行う。施設の運用を行うにあたっては要求を超える事態への対応、常により多くの様々な事態を想定した安全を確保するためのマネジメントを行う。直接住民を護るにあたっては、事前の計画と地域や施設との連携を密にして必要な手当て、防災を手厚く行う。

これらを総合的に取り組む仕組みを構築することが必要である。

提言3．全体を一貫する安全評価指標としてリスク評価を用いる。

それぞれの役割りを持つ組織は、設計におけるリスク評価、運用（AM）におけるリスク評価、防災・減災におけるリスク評価をそれぞれ行うと同時に、全体を一貫するリスク・マネジメントを進める。

はじめに

膨大なエネルギーを持つ核反応は、人類にもたらされた豊かなエネルギー源として、原子力発電として発展させてきた。しかし、原子力発電には基本的に「放射能リスク」を内在するものであり、福島第一原子力発電所の過酷事故はそれを顕在化させた。国、地方自治体、学術界、事業者（電力）、メーカーなど全てのステークホルダーにおいて、原子力発電に関わりを持つものたちが、それぞれの役割りにおいてその責任を自覚するとともに、「原子力安全」の本質に取り組むことが重要であると認識させられた。設計、運転、そして防災の領域で役割りに応じて安全確保策に取り組まなければならないが、異常事象発生の防止、その影響の緩和策の施行、そして放射性物質放出事故の発生に対して、いかに被害を防ぎ緩和させるか、リスク評価を介してお互いの分担と効果を確認することが、安全策の実効性をあげる上で重要なことであると考える。特に、今回の一連の検討では、これまでほとんど取り組んでこなかった防災、さらに事故の後始末まで拡大した広範なリスク評価を行うことが重要であると、提案するものである。それにより、原子力安全の事故耐性が格段に良くなることを期待したい。

1　リスク情報の活用とリスク理解の促進

1・1　リスクの理解

私たちは、日常生活にかかる全ての対象物（食品、医療、交通手段、エネルギー等々）にはリスクが存在することを認識しなければならない。しかし、そこには、個人のリスクと社会のリスク（以下、「社会的リスク」と呼ぶ）がある。特に「社会的リスク」への認知は難しい問題でもあるが、原子力の平和利用、原子力発電の分野では、福島第一原子力発電所の事故以来、社会的リスクが注目され、極めて重要な課題となってきた。

原子力安全の目的は「住民である人とそこに住むための環境の防護」であるが、これまではそれを明確に示すことはなく、原子力が基本的に持つ放射性物質によるリスクについて、深く議論することもなかった。原子力安全の目的に照らした、リスクと原子力安全の確保の具体策との関係を明確にし、リスクを定量化することは、安全確保に役立つものであり、政府、地方公共団体、事業者、住民の間での対話においても、有用な共通した尺度となるものと期待される。従って、それら、各ステークホルダーにおいても容易に使えるリスク評価ツールを提供することが、今、原子力安全への理解とその確保に有用と考える。

これまでは原子力発電の利用においては、安全の議論こそすれ、リスクについては考えることも許されない雰囲気があった。リスクは危険であり、危険はあってはならないものであるという認識であったが故、誰もがリスクの議論には取り組もうとしなかったのであろう。しかし、福島第一原子力発電所の事故で、リスクが顕在化することになり、リスクと言うものについて考えざるを得ない状況になった。

原子力発電の利用におけるリスクとは何か。〝あることを選択した時に、何らかの事態となることの可能性〟である。〝事態〟は一般には悪い事態、例えば、大きな損害とか、人の死などを言う。ただし、可能性であるので、必ず発生するわけではない。リスクは、起きる事態とその可能性、を言う。一般には、個人がリスクを取るが、社会として取るリスクを社会的リスクと言う。従って、社会として原子力発電を利用することで社会として取るリスクを考えなければならない。そこで、私たちは、この社会的リスクとは何か、を明確にするとともに、その基盤となる科学的リスク（科学的に推定し得る事故発生頻度や放射性物質の放出量、被ばく線量推定値、致死性がん発生確率などの情報で表現されるリスクをここでは科学的リスクと呼ぶ）について、社会的リスクとの関係を明らかにしつつ、この社会的リスクの受容される程度はどの程度かを思考し、結果としてわが国の社会が取らなければならないリスクについて考えてきた。原子力発電も他の技術においても、技術を使う上での危険に対する姿勢としての問題と同じであり、どんなに優れた技術でも、何らかのリスクを取り、リスクに適切に対応しなければならないことなど、対応の仕方は同じである。原子力発電でも例外ではない。では、何が原子力発電でのリスクなのか、その内容と、位置づけを明確にし、理解を得ることが必要と考える。

この「なぜ、原子力リスクを受け入れなければならないか」の問題提起に対して、「どの程度のリスクなら受け入れられるものか」の結論を得なければならない。それが、原子力発電が社会に受け入れられるための必須の条件であると考える。

過酷事故防止検討会においては、この観点から、「原子力発電所が二度と過酷事故を起こさないために」と様々な活動を行ってきた。はじめに、「国、原子力界は何をなすべきか」とのテーマで、事故を分析し、これからの取り組みの姿勢を提言4項目に、その具体策として提言6項目に集約し、10の提言としてまとめ、各界に発信した。これは、今回、認識を新たにすべく、科学技術国際交流センター(JISTEC)より、「原子力発電所が二度と過酷事故を起こさないために－国、原子力界は何をなすべきか－」(二〇一六年一月二〇日発行)【参1】として発刊した。

その後、社会のリスク理解がどの程度のものかを調査し、社会とともにリスク理解を進めるにはどのような取り組みが必要かを検討してきた。その結果、原子力発電所のある地元の理解を得ることが、まず重要なことであり、そのためには、立地の地方自治体と共に原子力事故による住民への影響、すなわち原子力事故のリスクから住民を護る原子力防災について、一般防災と同じ目線で考えて、リスクへの取り組みを理解いただくことが、必要なことと考え、具体的な方策を提案としてまとめた。

1・2　リスク評価の必要性

社会生活、社会活動はリスク・ベネフィットの選択で構成されている。社会で生活していく上では、ベネフィット、すなわち便益を得るために何らかのリスクを取らなければならないということである。にもかかわらず、一般には、ベネフィットは得るが、リスクは取りたくないというわがままな言い分が横行している。選択ではなく、個人として〝安全の脅威〟、〝受け入れたくないこと〟を〝リスク〟として、この〝リスク〟を避ける、絶対に取りたくはないという意識が大きく支配している。これが、「絶対安全」や「安全神話」の元となったのである。しかし、忘れてならないのは、全ての事柄には、必ず何らかのリスクがあるということである。

福島第一原子力発電所の事故は、地震を起因とする津波によりもたらされた自然災害を発端として発生した、わが国の原子力発電が受ける史上初めての大きな被災であった。それにより、原子力事故をもたらす事態となった。原子力発電所の事故とは、炉心損傷が発生し、格納容器などの隔離する設備に破損が生じて、原子力発電所から外に放射性物質が放出される状態で初めて原子力事故の状態となる。福島の事故では、放射性物質の放出はあったが、いわゆる「安全目標」である住民の直接被害（放射性物質による死亡及び相当の被害）はなく、原子力防災の計画に基づき住民は避難した。

しかし、防災においても様々な課題を残した。大きなものは、避難時に要救援者である病人の病院からの避難がうまくできずに、結果として多くの死亡者を出したことである。これは、その後に多発した自殺者と合わせて、考えなければならない原子力防災での災害対策である。これらの事態は、原子力防災のことだけではない。防災全体として今後検討を要する課題である。さらに原子力防災で問題となっているのは、住民避難の長期継続であり、居住地域や山林田畑の放射性物質による汚染である。

これまで、原子力発電所では、100万年に1回程度の事故の発生、放射性物質の放出、すなわち格納容器の損傷があると考えてきた。その基本は発電システムの事故、故障によるものであり、自然災害を起因として考えてはこなかった。一方、地震への対応については、十分に検討を行い、対策を考えてきたはずであるが、なぜ今回の事故のような地震を起因として、重大な原子力事故となってしまったのか。地震を起因とする原子力発電所の事故の発生の可能性や、海溝型地震で発生する大規模な津波による発電所での事故の発生の可能性にまでリンクして考えてこなかった、思慮の足りなさがあげられる。津波や山崩れなど地震関連事象は、地震と同等に重要な事象であることを如実に示したものといえる。

これまでには、これらの事象に対してどのような安全対策が採られ、原子力発電所でのリスク評価がなされてきたのか。原子力事故の発生の可能性としての「リスク」を、住民の直接被害のみならず、環境への影響を含めての「リスク」として考えなければならないのである【参2】。

しかし、社会の理解は、当然、身体的影響はもちろんであるが、生活環境を含めての目に見える変化をも許さないことが、「原子力安全」であり、それを求めているのである。100万年に1回でも起きる場合の最低限の影響を、安全目標として定めたい、という要望である。自然災害は、どの程度発生し、それによる原子力災害の規模は、対策を施した状態において、どの程度の原子力事故の発生を見込まなければならないのか、また、その規模と発生頻度がどの程度に予測されるのか、これを考えるのが、本来の「リスク」の考え方ということである。これが原子力安全をいう重要なポイントとなる。特に、規模の理解と、起きやすさの目安である発生頻度（発生確率）が何か、の理解が重要である。

　今回の事故では、避難の過程での様々な問題が、浮き彫りになった。情報の伝達、住民としての事故対応の実施時期、避難と退避、避難の際の重病人など要救援者への対応などなど、防災においても多くの課題が明確になった。この避難において、リスク評価やリスク情報の活用を行うことで、防災がどの程度改善され、効果が得られるのか考えることも必要である。

2　リスク評価の活用と包括的リスクマネジメント

原子力発電によるリスクとはどのようなものか、それを理解するために、原子力発電におけるリスク評価について、検討した。

この概要は、以下のような構成としている。

まず、原子力のリスクとは何か、の概要をまとめた。次にそのリスク要因としてのリスク源について、わが国での最も過酷なリスク源である地震を例に、どのようにリスク源をとらえるのかを示した。次に、これまでの原子力発電における安全への取り組みについて、海外との関係とわが国での歴史、その反省と教育問題、さらには他のシステムとの比較での安全への取り組みについて解説する。

それらを踏まえて、原子力発電でのリスクを踏まえた安全評価について紹介し、原子力発電所でのリスク評価の現状とその位置づけ、また福島第一の事故以降の取り組みの進展を示し、同事故の前後での原子力発電の持つリスクはどのように変わってきたのかを示すことで、リスクとはどんなものかの理解につながるものと考える。

2・1　原子力におけるリスクとは何か

⑴　原子力利用が持つリスク要因

原子力利用における基本的な安全の目的は、人及び環境を放射線の有害な影響から防護することである。原子力発電では、ウラン又はプルトニウムの核分裂によって生じるエネルギーを利用して発電を行っている。原子力発電の根源的なリスク要因は核分裂反応に伴って発生する核分裂生成物に由来する。核分裂生成物の約90％は放射性物質であり、核分裂反応を止めても放射性核種それぞれの半減期に応じて崩壊する際に熱（崩壊熱と言う）を発生し、この熱を十分に除去できなければ、核燃料とともに核分裂生成物を閉じ込めている金属製の被覆管が破損し、最悪な場合には、環境に放射性物質、すなわち放射能を放出することになる。これが原子力発電所がもたらす人及び環境へのリスク要因、リスク源である。

原子力発電所の安全設計においては、深層防護（Defence in Depth）の思想を取り入れている。すなわち、まず原子力事故につながるような①異常の発生の防止と、制御できなくなるような事態を想定し、事前に対応策を施す拡大防止がある。次に②予想外の事態に対しての事故事態への拡大防止と事故への発展、すなわち放射性物質の異常な放出の防止である。そして③放射性物質の異常な放出、原子力事故に対する人、環境への影響の緩和、低減である。この深層防護の考え方に対して、具体的には①に対しては「設計」で対応し、②に対しては「運用」で対応し、③に対しては「防災」で対応する。「設計」は物つくりであり、設備での対応が主である。「運用」は発電所でのマネジメントといわれる柔軟な対応策を採ることである。これをアクシデントマネジメント、ＡＭ（Accident Management）と言う。これは、①の想定を超える事態への対応であり、様々な事態に柔軟に対応しなければならない。「防災」は、発電所内での様々な対応策でも事態の進展をくい止めることができず、放射性物質を放出する事態に至った場合に対する、社会が受け身で動く災害の低減策を採ることである。

原子炉施設内での防護は、原子力事故の発生を防止することにある。これは設備の設計において十分に対応される。設計基準を決め、それ以内での事態には十分に安全が確保される。異常あるいは事故状態に陥った場合、あるいは陥る可能性がある場合には「原子炉を止める」、「原子炉を冷やす」、「放射性物質を閉じ込める」ことが原則となる。そのために必要な炉心の核的反応度の制御や冷却設備、機器等は多重性、多様性及び独立性を持たせている。これらの機能が完璧に発揮される限り原子炉は止められ、十分に冷やされ、放射性物質が外部に放出されることはなく、人及び環境を放射線の有害な影響から防護することが可能となる。しかし、忘れてはならないのが、放射性物質の閉じ込めができなくなることを考えることである。つまり、原子力発電所の潜在的リスクは燃料棒内に大量の放射性物質を持つことであり、発電所の事故によりこれを封じ込めておくことができなくなると、このリスクが顕在化する可能性が生じる。放射性物質が放出するような事態に対しては「防災」として被害を低減することが求められる。「防災」において、発電所内での対応としてもその放出量を低減することは重要であり、フィルタードベントにより対応することも低減策としては十分に有効な対策となる。この大量の放射性物質の放出の事態を「原子力事故」と言う。この事故に際しては、防災での対応で極力、その影響を緩和する、低減することが求められる。このように原子力安全は、発電所内での様々な方策と合わせて、防災での対策を考えることで達成される。これを深層防護による安全確保という。それは、原子力関係者が地域住民や国民と共に原子力安全の確保を考えることであり、また原子力発電所がもたらす放射性物質のリスク源に対応して、地域住民は自らの安全を確保すること、自分の考えでリスクのマネジメントに参画することが防災を有効なものにすることにつながり、総じてトータルの原子力安全を考えると、このような活動が重要な役割りを持つことになる。

(2)「安全神話」への戒め

原子力発電が絶対に安全であると言う、「安全神話」への戒めは、一九九九年に東海村で発生したＪＣＯ臨界事故（一九九九年九月三〇日、(株) ＪＣＯの核燃料加工施設内で核燃料を加工中に、ウラン溶液が臨界状態に達し核分裂連鎖反応が発生、この状態が約20時間持続した。これにより、至近距離で中性子線を浴びた作業員が被災するとともに、数百名もの被ばく者を出した）の反省として既に平成一二年の原子力安全白書【参3】において左記のように指摘されている。

「多くの原子力関係者が「原子力は絶対に安全」などという考えを実際には有していないにもかかわらず、こうした誤った「安全神話」がなぜつくられたのだろうか。その理由としては以下のような要因が考えられる。

・原子力以外の分野に比べて高い安全性を求める原子力の重要施設の設計などへの過剰な信頼
・長期間にわたり人命に関わる事故が発生しなかった安全の実績に対する過信
・過去の事故経験の風化
・原子力施設立地促進のためのＰＡ（パブリック・アクセプタンス）活動の分かりやすさの追求

・絶対的安全への願望

こうした事情を背景として、いつしか原子力安全が日常の努力の結果として確保されるという単純ではあるが重要な本質が忘れられ、「原子力は安全なものである」というＰＡのための広報活動に使われるキャッチフレーズだけが人々に認識されていったのではないか、と推察されている。

こうした状況は、関係者の日常的な努力によって安全確保のレベルの維持・向上を図るという、「安全文化」に著しく反するものである。過去の事故・故障は、いわゆる人的要因によって多く起きており、原子力関係者は、常に原子力の持つリスクを改めて直視し、そのリスクを明らかにして、そのリスクを合理的に到達可能な限り低減するという安全確保の努力を続けていく必要がある。」

このように、白書では既に「安全神話」に対する問題が指摘されていたのである。ＪＣＯ事故時には、人的因子（組織因子）の配慮に不足があったことが認識されたわけであるが、福島第一原子力発電所の事故では、同じ過ちを繰り返すと同時に、自然災害の配慮にも不足があったことが露呈された。

東電福島第一原子力発電所事故に関する各種調査報告では、より明確な形で安全神話の悪影響が指摘されている。東京電力による報告書（「福島原子力事故の総括及び原子力安全改革プラン」）【参４】においては、特に、「リスクの存在を認めると追加対策なしには運転継続することができなくなるとの思いから、リスクコミュニケーションを躊躇し、十分安全であると思いたいとの願望を生み、それが安全は既に確立されたものとの思い込みを助長した」と分析している。

安全神話は、安全にとって極めて有害なものである。

安全神話からの脱却には、リスクの存在を認め、それに真摯に取り組む状況を示すことによって原子力安全への国民の理解を得ること、すなわち、誠実なリスクコミュニケーションの努力が必要である。しかしながら、国民の理解を得るには、存在するリスクの説明だけでは不十分であり、そのリスクそのものの認識を共有し、その上でそのリスクが受容可能なレベルにあること、そのレベルがどのように評価、検証されているのか、といった科学的な論拠を共有する必要がある。

(3)　受容するリスクとしての安全目標に関して検討すべきこと

リスクの目標を具体的な数値で定量的に示すことの最大の利点は、合理的でバランスのよい安全確保の方策を客観的に把握することを可能とすることと、それを科学的根拠とともに分かりやすく社会に示すことができる点にある。従って、科学的な評価及び検証ができないほどの低い数値を掲げることには疑問もあるが、現在及び近い将来の科学技術の水準に照らして、合理的に適用可能な目標を提案し、合意形成を目指すべきであろう。

安全目標の設定については、検討すべき課題は様々に存在する。課題に対応する改良も加えつつ、国民に認知され合意が得られるリスクとはどのようなものであるかについて社会との対話を行い、社会から納得を得ることのできる安全目標を設定し活用を図ることが重要である。

安全目標や性能目標がどの程度満足されているのかを判断するにはリスクを評価することが有効であり、その一つの手段は確率論的リスク評価（ＰＲＡ）による定量評価である。しかし一方、リスク評価においては、因子の考慮の限界や不確実さを含めて、十分に吟味されているのかが重要である。社会にリスクを説明する際には、考慮範囲を明示し、範囲外のリスク要因について評価する方針を示すことや、残るリスクをどのように考えたかを説明すること、さらに評価手法の不確実さが大きいために安全目標を満足できているかの判断がしにくいような場合には、合理的に考えて実行可能な努力がどこまでなされているのか、といった情報を提供することが必要であり、それなしにはリスク受容は難しいのではないか。

2・2　一般論としての安全分野におけるリスクマネジメント

(1)　一般論としてのリスクとは何か

リスクの定義は様々である。「影響」と「不確かさ」という二つの要素を持っていることがリスクの本質であり、このどちらか一つでも存在しなければリスクとは言わない。

特に、不確かさというのはリスクを特徴づける要素であり、どんなに大きな影響が生じてもその影響が必ず発生するものは、リスクとは呼ばない。従って、リスクを考えるということは、不確かな事象を扱うという前提があることを認識することが重要である。この「不確かさ」の中には、発生の可能性と、可能性や影響の曖昧さ、というものがあり、いずれも「不確かさ」と言って分析している。

リスクにはこの不確かさが存在するために、リスクに対する判断を難しくさせている。リスクを理解するためには、この不確かさに対する理解を深める必要がある。不確かさは、基本的に偶発性に伴う不確かさ（偶発的不確かさ）と知識や情報の欠如によって生じる不確かさ（認識論的不確かさ）があるが、リスクの不確かさはいくつかの原因により発生しその原因により不確かさの意味も異なってくる。

不確かさが生じる一つ目の原因は、人の個体の固有性からくるものである。同じ状況に遭遇しても、個体差によって被害が発生する場合と発生しない場合がある。人間の作業に対する信頼性もこの種の原因によって発生している。人によってその信頼性は異なり、また同じ人であっても状況に応じてその信頼性は変化する。このことが、人と機械の差異ともいえる。二つ目は、自然の持つ多様性や製造技術の持つ再現性の難しさがある。地震や台風のような自然現象は発生する場所も時も様々であるが、全く同じものは存在しない。また、工学的に同じ製品を製造しようとしても、現在の技術では、一定のばらつきが生じざるを得ない。三つ目は、個別の知識不足から発生する不確かさである。対象の持つ要素を十分に把握できなかったり整理できなかったりすることにより、性質を一定の分布で表す必要が出てきたりする。その対象固有の分布より、より広い分布を前提としなければならなくなることがある。四つ目は、分析技術の未熟さから発生する不確かさである。リスクが顕在化する過程のシナリオ－どのようなパス、判断分岐を経て事態が進展するのか－を分析する際の、起因事象、シナリオ分岐や影響の種類や量に関する網羅性や完全性の不足がリスクの不確かさを生み出す。

一方、「影響」は、どの影響を重要視するかでリスクのとらえ方が異なってくる。リスクの影響は一意的に定まるものではなく、何の影響を重要視するかということや分類によって、リスクのとらえ方は異なるのである。例えば、原子力分野のリスクとして〝放射性物質の環境への放出〟という事象があげられるが、放射性物質を環境下に放出しなければリスクは小さいと考えるのは、主として物理的影響を重視しがちな技術の視点によるリスクのとらえ方である。市民の視点では、同じような状況を考えると、放射性物質の環境放出がなくても避難の可能性が生じたり、放射性物質の放出に備えて避難を実施したりすること自体も、重要なリスクとなり得る。様々な事態に対して、リスクを発生した死亡者数でとらえることが多いが、これは個人や社会にとって最も重大な関心事と考えるからであり、一つの尺度として比較に用いるには便利であるからでもある。一方、この影響を経済的損失ととらえる場合も多い。現在は、これらを総称して、〝放射性物質の放出に伴う、もしくは放出の可能性に伴い社会に与える影響〟をリスクの「影響」とすることが適切であろう。

リスクというと、本来は発生の可能性、発生確率と影響の大きさで現わされるものとして、原子力分野では通常その掛け算で現わす。しかし、対象とする事態によって、リスクを発生確率で言ってみたり、見込まれる損失額で言ってみたりする場合もあるが、原子力の事故のようなものは、発生確率でのみ言う場合が多い。リスクの本質を理解していないと、誤った判断を招くことになりかねない。

(2) リスク論とは何か

リスク論と確定論の差異は、主としてリスクという概念が持つ不確かさの扱いによっている。リスク論は、不確かさを不確かなままに扱おうとするものであり、確定論はその不確かさを、例えば、安全率という概念を採用したり、最大荷重の組み合わせを荷重要件とするなど、影響の分布を包絡する条件として取り扱うことにより考慮しようとするものである。リスク論の特徴は、その不確かさを前提とした分析理論であり、不確かさが存在するということ自体が分析結果の有効性を損なうことはない。リスク論は、その不確かさを、どのように判断して、その不確かさを含めて有効な情報として活用しようとするかを扱うものである。

リスク論で使用するデータである、対応策の失敗確率や機器の故障確率などの発生確率は、基本的には確率密度に分布を持つものであるが、リスク論で活用する場合は、その確率の分布の性質と評価する対象等によって、確率密度分布の中央値を使用したり、中央値とエラーファクター（分散の大きさ）を使用したり、確率密度関数として取り扱ったりと、その使用法は様々である。従って、算定されるリスクの発生確率もデータの確率の扱い方によって、特定の数値として表わされたり、発生確率分布として表現されたりする。リスクの把握のあり方も、中央値を採用してもよい場合と、その分布も含めて考慮すべき場合がある。

発生確率分布の大きさは、その対象が本来持っている性質を表現している場合もあり、知識や分析技術が未熟であるため生じている場合もある。前者の例としては、人間の失敗確率の分布は機械の失敗確率分布より広い傾向にあるということが人間と機械の差異を表すものとして知られており、その特徴を用いて判断に有効な情報を提供することもできる。後者の理由によって発生する分布に関しても、その分布状況がデータや分析技術の課題も含めて、我々が将来の事象を把握できる限界を示す指標として有意な情報となり得る。リスク論は、本来漠然としたレベルでしか把握できていない状況を、仮定を重ねて確定的に取り扱うことの危うさを懸念するものであり、様々な知見不足や技術不足のために把握できていない状況はそのまま認識することで、今後の対応を考えることに意義を見出そうとするものである。

影響の大きさも発生確率と同様に、本来、分布を持ったものとして把握される場合が多いが、その取扱いの方法は発生確率の場合と同様である。

このように、本来のリスク論は、対象をあるがままに表現して、その可能性を検討するものである。しかし、データの不足や分析の複雑さを避けるために、不確かさを確率分布ではなく一定の値を採用して算定を行う場合があり、そのことによる分析結果の誤差は、本来のリスク論の欠陥ではなく分析の把握の未熟さによるものであり、このことは確定論においても生じうる問題である。

リスク論の扱う定量的な問題について述べてきたが、リスク論の価値は、多様なリスクが顕在化する過程のシナリオをその多様性のまま把握できることにあり、その多様なシナリオの中に非常に多くの有意義な情報が含まれていることにある。

(3) 過酷事故防止におけるリスク論の位置づけ

正しい判断を行うためには、将来生じる可能性は、なるべく多く知っておいた方がよいということには、疑問の余地はないであろう。リスク論の存在意義は、そこにある。

これまでの安全対策は、主として失敗に学ぶという方法が用いられてきた。事故を経験すれば、その対応の必要性は明らかであり、その課題、ポイントも明らかになるため、対応についても考えやすかった。しかし、この手法における安全対策は、再発防止にとどまるという課題があるとともに、一度、事故を経験することが前提であるという問題点がある。信頼性工学やリスク論の活用による未然防止の活動も存在はしたが、その対象となるリスクはその分野での課題であることが既知の事象となっている場合がほとんどであった。

一方、工学システムは、その機能が高くなればなるほど、発生する事故の規模は大きくなる傾向にあり、一度の事故であれば経験することが許されるという状況ではない。従って、大規模な工学システムの事故は、経験しない事故をその可能性を考慮して経験する前に防ぐことが求められている。

この事故防止を検討する際には、その対象となる事故発生のシナリオを明らかにする必要があるが、事故発生は多様なシナリオによるため、その対象を特定のシナリオに絞り込むことは難しい。そのため確定論的安全評価法では、対象となる工学システムに対する多様な負荷の中から想定される最大の負荷、もしくは大きな影響を与える負荷の組み合わせを考えて、その負荷条件において対象システムの健全性を評価することにより、そのシステムの安全を検証・確保したことになるという考え方をとっている。しかし、限られた負荷の組み合わせでは、例えばそれが最大荷重の組み合わせであっても、システムの健全性を保証できるわけではない。

では、可能性を察知する際に、なぜリスク論は有効なのか？

それは、リスク論の特徴が、多様な顕在化シナリオを体系的に検討することにあるからである。経験によっても、複数の事故顕在化シナリオを知ることは可能である。しかし、過酷事故は、その発生確率が極めて小さい事象も含むために、経験によるシナリオ把握という手法では十分ではないことは明らかである。

また、リスク論の特徴に、リスクやその顕在化の過程のシナリオの把握の他にも、その対策効果をリスクの減少の評価の手段として、安全対策に対して反映できるということがある。また、対策には、その対策機能の発揮度というものが、その事故の発生に至るシナリオと対策が失敗するシナリオの組み合わせで評価することができる。過酷事故の未然防止や事故発生時の拡大防止には、この事故対策の効果をきちんと検証することが重要である。

このように経験できないような極稀な事故発生のシナリオを把握し、その対策の効果を検証するためには、論理的に事故シナリオを洗い出すリスク論を活用することが有効である。

リスク論は、これまでの確定論と比較して、その評価を一意的に定めることができないため、安全分野への適用が難しいという意見もあった。しかし、一般的に未来は不確定な確率過程にあり、この不確定な状況を確定論のみで扱うことには矛盾もあり、対応しようとすると、不確定な事象に対して膨大な投資を要求することになり、また多くの新たな対策による変更管理リスク等の新たなシステム論的課題も発生する。

〃神はサイコロをふらない〃という論もあるが、神ならぬ人の立場では未来を見通すことは難しいという謙虚な姿勢を持つべきである。この確率過程にある事象を確率的アプローチであるリスク論で把握しようとすることは、当たり前のことである。

リスク論を安全分野に適用する際に重要なことは、リスクが未来の指標であるということを忘れないことだ。環境が変われば、リスクも変化する。この環境の変化には、新たな知識の獲得も含まれる。

リスク論の適用によって明らかにできることは、分析によって把握したシナリオが持つリスクを明らかにして、その対応を考えられることにある。ここで言う「リスク」とは、ハザードとも言われるリスク源やその発生によるシステムに生じる事象、シナリオの展開、そしてその結果生じる影響やその大きさ、その発生の可能性などを総称するものである。リスク論は、分析して把握したリスク以外のリスクの存在に関して議論することはできないが、新たなリスクを一つ一つ分析、把握し、その対応を検討していく活動の積み重ねが、対象とする工学システムの安全レベルの向上には必要である。また、この多様なリスクを把握するための手法やシステムの開発研究も、今後の重要な課題である。

確定論とリスク論は相容れない考え方ではなく、互いに補完して安全を向上させるものである。その発生確率等に拘わらず対応が必要な事象に関しては、確定論による規制等が必要であり、その対応レベルを超えた稀な事象に対しては、リスク論による対応の検討が有効と考える。確定論だけで安全を確保できるというわけではなく、リスク論だけで安全を確保できるというわけでもない。過酷事故を防ぐためには、未来に対して謙虚である必要がある。

(4) リスクアセスメント

リスクアセスメントとは、以下の3つのステップからなる。

・リスク特定（Risk identification）：分析の対象となるリスクを特定すること（工学的アセスメントでは、ハザードを特定して、分析によりリスクを明らかにする方法も用いられる）
・リスク分析（Risk analysis）：リスクの顕在化シナリオを検討し、影響の大きさや起こりやすさを算定する
・リスク評価（Risk evaluation）：リスク基準と分析したリスクを比較して、その対応方針を決定する

以下にその特徴を記述する。

1) リスクの特定と分析の特徴

リスク分析には、発生確率や影響の大きさを数値で評価する定量的評価手法の他にも、半定量的評価手法や、定性的評価手法がある。定性的手法で分析を行っても、そのシナリオ構造等から事故進展の重要な分岐点を把握する等の有意な結果を得ることができる。

リスク分析には、ハザード（潜在的危険源）を同定してリスクを算定するイベントツリー（ET）等による帰納的手法とリスクを同定してその原因を探るフォールトツリー（FT）等による演繹的手法がある。

これまで、主に過酷事故のシナリオ分析に使用されることが多かった前者の方法は、個別のシナリオ分析に優れており、事故を一定規模に進展させないための対処事項について、有用な知見を得ることができるという特徴を持ち、後者の手法は、トップ事象に掲げたリスクに関して演繹的にそのシナリオを分析し、その全容を知ることができる等の特徴がある。

しかし、前者には初期事象（又はハザード）を網羅することが難しく、後者には理論的には網羅することも可能であるが複雑なシステムでは組み合わせの爆発が生じる等の課題も存在する。

工学的なリスク分析においては、ハザードを特定しそのシナリオ分析によってリスクを把握するという方法が多く使用されてきた。経営の世界では、その組織目的達成に影響を与えるものをリスクと定め、その発生シナリオを把握するという方法が多く用いられている。

リスクのアプローチ法によって，リスクの捉え方も変化してくる。安全問題をリスクの特定から考えると，原子力発電所の例では，放射性物質の施設外への漏えいというリスクの発生を防止するべきものとして特定することもできる。この事態の発生の要因としては，障壁の機能の不足や消失という事象があげられ，さらにその要因として，「内圧上昇」，「外力」，「熱の発生」等の原因があげられる。そこには，内部事象，外部事象という従来の発想が先に出てくることはなく，炉心損傷に事象を特化することもない。

また，リスクの定義も様々である。一般に，リスクを頻度と影響の積である期待値の形で扱うことが多いが，この定義での評価が有効なのは，発生頻度や影響の内容が，同じ感覚で扱える範囲に限られており，例えば，発生確率が$10^{-1\sim-2}$／年のリスクと$10^{-5\sim-6}$／年のリスクを同列で議論できるものではない。過酷事故のように，発生確率が著しく小さい事象でも影響が極めて大きい事象に関して，影響が相対的に小さく発生確率が大きな事象との比較において，このリスクの大小を使用することは適当ではない。リスクの是非の判断は，その事象の評価にふさわしい定義を用いる必要がある。

リスク分析は，その分析目的によりリスクの定義も含めて最適な手法を選択することが重要である。また，リスク分析は，その結果とリスク基準を比較することによってその対応を判断するため，リスク分析の内容や精度は比較すべきリスク基準に沿って決定されることが望ましい。

2) リスク分析の精度に関する注意事項

リスクの評価手法は，その使用目的によっても，求めるリスク指標や精度が異なってくる。日本学術会議の工学システムに対する社会の安全目標の報告書：二〇一四年九月一七日【参5】（以下、「安全目標報告書」と記す）には、安全目標と現状リスクを比較する際のリスク分析では、以下の事項を要求している。

・経験した災害・事故・トラブルに限定することなく、可能性を洗い出すように努めること
・安全性評価にとどまらず、どこまでいけば危険かという危険性を評価し限界を見極めること
・対象とする製品・システムに関しては、製造から廃棄までのリスクを総合的に評価すること
・設備・部材・製品の故障・経年劣化を反映すること
・ヒューマンファクターを考慮すること
・ソフトウエアリスクを考慮すること
・変更管理によるリスクを考慮すること
・不確定性の高いパラメータは、その設定の考え方について明らかにすること（原則として、希望的観測に基づきリスクを小さく評価しないように注意すること）
・最新の知識や環境の変化を反映すること
・自然災害等との複合事故も想定すること
・非定常作業時のリスク評価も行うこと
・事故拡大防止対策の失敗確率を考慮すること
・影響の大きさに関しては、人身への影響、物理的被害の影響の他、環境（生態系、動物）・社会・地域・生活・組織等への影響も評価すること

・使用する情報の公開性・検証性を確保すること
・リスク論的目標設定を行うのは、対象システム等の現状リスクが検証できる範囲に限るものとする。

なお、最後の「リスク論的目標設定を行うのは、対象システム等の現状リスクが検証できる範囲に限るものとする」の項目は、検証不能なほど低いリスク値を目標として設定しても、定量的なリスク評価結果を安全管理上の意思決定に用いるという本来の目的に役立たなくなることに注意を喚起している。

工学システムの評価では、その施設の持つ事故が社会に与える影響や社会の価値観によっても，どの程度まで確率を下げるべきかが変わってくるので，それに応じて評価の詳細さも変わってくる。リスク評価においては、その対象を社会的リスクとする観点からも、その分析手法やレベルを適切に定めることが必要となる。

3) リスク評価について

一般的にリスク評価では、工学システムの現状リスクとリスク基準（安全目標）と比較することによって、リスクを低減するか、保有するか、という対策の選択を行うことになる。

リスク対応として低減という方針を選択した場合は、対策効果を検証し対策後のリスクがリスク基準を満足していることを確認する必要があり、低減効果が十分でない場合は、さらなる対策を実施する必要がある。評価により低減という方針を決定しても、具体的な対策を検討した結果、経済的又は技術的に実現が難しいと判断した場合は、対応方針を変更することもある。対策により低減したリスクが許容できない場合は、リスク源を除いてリスクを回避する判断を行う場合もある。

リスクは、その根本原因を完全に排除しない限り、理論的にはその発生確率をゼロにすることはできない。従って、リスクマネジメントを活用する際には、リスクの保有という選択肢があることを認識することが重要である。さらに、保有されたリスクのうち、発生確率は小さいが影響の大きなリスクは、危機管理の対象とされる。事故発生時の危機管理（事故拡大防止）をより有効にするためにも、保有しているリスクを認識することが必要である【参6】。

また、根本原因を完全排除することによる見える範囲でのリスクゼロを目指す、すなわちリスク回避の判断を行うことは、その工学システムのポジティブな機能も享受しないという選択でもある。最新のリスクマネジメントでは、リスクを生み出すハザードをリスクソース（リスク源）と呼ぶことが多いが、これはリスクとは不確かな可能性であり、その影響はポジティブな場合とネガティブな場合の双方を持ち、その対応判断は、リスクの持つ双方の影響を考え合わせて行うべきだという考え方による。

安全目標報告書では、安全目標について、「安全目標は時代と共に変化するという認識に立ち、人命に加え、社会的リスクの最適化の観点も考慮に入れて対象のシステムの稼働・不稼働がもたらす人・社会・環境にもたらす多様なリスクを勘案して決定すべきものである。」としている。具体的なリスク基準は、達成できない場合は許容されない基準値(A)とさらなる改善を必要としない基準値(B)を設定し、基準値(A)と基準値(B)の間は、リスクを総合的に判断して対応を定めることになるとしている。そして、リスクに関わる事業を行うものである事業者もしくはその分野に詳しい専門家は、最新の知識・技術を用いて、現状リスクを把握・報告する責務を持つが、最終的に、そのリスクの許容を決めるのは、社会的にその責任をとることができる主体である行政等が望ましいとしている。

評価する場合のリスクの起こりやすさや影響の大きさの取扱いに関しては、その値の持つ意味を考え、算定値の中央値で評価すべきか、分散も考慮して評価すべきかを判断する必要がある。また、対象とするリスクを受容できるか否かは、起こりやすさや影響の種類や大きさだけでなく、その顕在化の原因によることもある。

(5) リスク対応

リスクへの対応は、リスク評価に基づいて一つ又は複数の選択肢を選び出し、実施するものである。このリスク対応においては、その対策の効果を検証し、リスク基準を満足する結果となることを確認する必要があり、そのためには、あるリスク対応の分析を実施したのち、その効果を検証し新たなリスク対応を策定する、という循環プロセスも対応策の検討に含まれなくてはならない。また、最適なリスク対応選択肢の選定においては、法規、社会の要求等を尊重しつつ、得られる便益と実施費用・労力との均衡を取ることが求められる。一方、対応の意思決定においては、経済的効率性より重要な社会的要求があることを念頭に置いておく必要がある。

対応計画では、気づいた順番に対応を実施するのではなく、対応策全体の中から個々のリスク対応を実施する優先順位を明確に記述しておくことが望ましい。そして、リスク対応は、それ自体が諸々のリスクを派生させるリスク源となることがあることに注意を要する。

リスク対応の実施に際しては、対策の技術の実効性や実現性、必要となる費用や期間、そして対策が生み出す新たなリスク等を踏まえた上で、対策の優先順位を再検討し、必要に応じてはリスク評価の見直しを行う場合もある。

(6) 安全とリスクマネジメント

現在のＩＳＯによる「安全」の定義は、「許容できないリスクから解放された状態」とされており、安全を議論する際にリスク論を用いるのは、当然のことである。ただし、安全目標となるリスク基準は、自然科学的客観視点だけで決まるものではなく、社会的環境も合わせ、総合的に判断されるものである。そのことは、安全の定義において「許容できない」という主観が含まれていることからも明らかである。

リスクにどのように対処するかということは、その対象の置かれている状況や社会の価値観によっても変わってくる。その意味では、リスクへの対応として「リスク管理」というあるべき状況を実現するために実施する活動にとどまらず、目標とするリスク基準をどう定めるかという観点から検討を行うリスクマネジメントという概念も取り入れるべきである。また、安全活動が許容できないリスクを対象としたために、技術者が許容できると考えた事象は議論の対象にならず、その結果危機管理の対象からも外されることになった場合もある。わが国では、マネジメントを管理と翻訳したために、リスク基準は既知のものであり、その状況を担保することがリスク管理の目的とされ、リスク基準自体を議論する素地が弱くなったきらいがある。

社会に有用な工学システムは、常に社会に対してポジティブな影響（有用な影響）とネガティブな影響（悪い影響）を持つ。言い換えれば、そのような工学システムは、稼働停止によっても同様に双方の影響を持つし、評価の対象とする工学システムの代替候補の工学システムも同じである。また、対象とする工学システムのリスクを許容できるか否かは、その時の社会状況、対象となる工学システムの社会的有用性やリスクを低減するためのコストも含めて判断されるものである。

工学システムのリスク評価では、この多様な視点による評価を行い、目指すべき社会目標の実現に向けて最適な判断を行うこととなる。リスク評価を適切に行うためには、その目指すべき社会の姿を明確にして共有しておくことが求められる。

2・3　原子力発電所のリスク評価の基本

(1)　新たな技術のリスク評価とは

社会には、様々なリスクが存在している。このことは、まぎれもない事実である。従って、社会にリスクが存在することを許容しないということは、社会を否定することでもある。このことは、新たな技術を用いた工学システムにおいても同様である。リスクのない工学システムというものは存在しない。

しかし、原子力発電の利用においては、〝リスクがゼロでなければ受け入れられない〟という議論がある。ここで言う、リスクがゼロということと、リスクを許容できないということは、同じではない。問題の解決のためには、その問題の本質を正しく問う必要がある。

新たな技術を含んだ工学システムのリスクの評価には、いくつかのケースが見受けられる。一つは、その新技術の効果に注目が集まり、好ましくない影響への評価が厳密に検討されない場合である。この場合は、その技術を含んだシステムの社会的実装が進んだ段階で、その技術やシステムの持つ課題が明らかになり、社会的に大きな問題を提起することになる。二つ目は、新たな技術の未知性のために、初期の段階から受け入れが忌避される場合である。この場合は、その課題を克服する研究開発さえも社会に受け入れられず、大きな可能性の追求を先送りにしてしまうという懸念が出てくる。新たな技術の受け入れは、その技術の知識を共有しても賛同が得られるとは限らない。一定の反対者は常に存在することに留意すべきである。だからと言って、それを無視するわけにはいかないのが現実である。

⑵ リスクゼロ論への対応

1) 不安があることは許容できないということへの対応

こういう考え方があることは理解できるが、工学的にどの程度であれば許容できるかということを明らかに示すことは、容易ではない。現状で許容されているシステムの例を考えてみると、一般的には、最初から発生確率を計算して、その結果を基に許容を決めたものは少なく、事故の少なさや事故の影響を体験し、その工学システムの利便性との関係で、使用の継続を是としてきたということが、許容の実情であろう。そこにトランス・サイエンスという考え方が導入されてきた。すなわち、社会としてコンセンサスをつくることがなされてきたのである。

この場合、事故を経験していないということは許容を容易にするが、一旦事故が発生し、その状況が自分の認識していた状況と異なると、改めて許容の是非を問うことになる。この状況下では、それまでの許容を決めたことが経験的な経緯によるものであるため、改めて論理的に許容を議論して決めようとすると、その議論の項目さえ明確でないという状況が顕在化して、戸惑うこととなる。つまり、市民が不安を感じずに導入されたものは、許容の理由を問われることなく許容され、不安をもたれたものは論理的に許容について議論しても、なかなか結論が得られないことになるのである。しかし、この許容について議論することは、対象のリスクを明らかにするという視点では大切なことである。ただし、そのシステムの許容の可否を事前に定めてからリスクに対する議論を行うという姿勢は改めなくてはならない。

また、リスクに対して議論されていないシステムが、必ずしも安全だということを保障されていないことにも留意すべきである。

2)　特定のリスクは許容できないという考え方

原子力システムに関するリスクは、ゼロでなければ受け入れられないという意見は、リスク論の問題ではなく、原子力システムの持つ特殊性に由来するものであろう。一般的な爆発等のリスクは一定のリスクに納まっていれば許容できるが放射線によるリスクは許容できないと言っているのである。放射線による事故というのは、知見が蓄積されておらず、その遺伝子等の生物の存在そのものに対する影響があることやその影響が長期に及ぶこと等の未知性の高い影響に関しては、忌避感が強くなるのは理解できる。この放射線リスクへの忌避感が薄まるのは、放射線に対する研究が進み、市民への知識の共有化が進んだ状況になる必要がある。遺伝子組み換えや再生医療などと同じく、未知の領域の部分もあり、時間をかけた取り組みの継続が必要である。

3) 専門家の意見が納得できないため、リスクゼロを要求する考え方

専門家が述べる定量的な研究成果や分析成果に関して、明確な反論はできないが何となく賛同しかねる場合に、リスクとしてゼロでなくては受け入れられないという意見が出る場合がある。このことは、議論すべきリスクとは何かというところの議論が不足している場合が多い。専門家は、議論すべきリスクは既に明らかであり、その値が小さければ許容してしかるべきだと考えがちであるが、議論すべきリスクを特定するのは、そう簡単なことではない。それは、人によって不安に思っていることやその許容の考え方が異なるからである。

また、専門家や制度、組織に対する不信感が根底にあり、そこで評価されたリスクに対して信用できないという場合もある。さらには、リスクという概念、すなわち将来を予測するという手法に対する不信感がある場合がある。これらには、真摯に向き合い、地道な対話を続けていくしか適切な方策はない。

4) 「リスクゼロ」の意味の理解が異なる場合

リスクがゼロということにも、いくつかの意味がある。1年間に数件以上発生している事故をゼロ

にするということと、もともと事故の発生確率が年あたり1／1000以下の場合では、発生をゼロにするということでは、その意味や実感が異なる。年あたりの発生確率が1／1000より小さいという状況は、ほとんど事故を経験しない状況であり、感覚的にはリスクゼロの状況ともいえる。しかし、ここで議論しているのは、リスクゼロということを課題としていることではなく、受容するという課題について、リスクをどこまで低減すれば「ゼロ」として受け入れられるのか、すなわち、それはどのように社会のコンセンサスを形成するのかということと同じである。

(3) 社会として受け入れられるリスクを決めるために

リスクマネジメントは、社会や組織の目的を達成するための手法であって、どの価値が社会に必要かということに関しては何も言及しない。個別のリスクへの対応の最適化をリスクマネジメントで検討するためには、さらに上位の価値観を明らかにして、個別のリスクの取り方を検証するしかない。

どのリスクを忌避するかは、各人の価値観によるものであり、個人の価値観が異なる中で、社会として判断をしていくためには、目指す社会像の共有化が重要であり、社会像の共有化ができない場合は、その判断プロセスについて共有化を行い、そのプロセスに沿った判断を尊重することである。

1) リスク判断プロセスを検討する際の前提

この判断プロセスを検討する前にその前提を整理しておく。

a．安全とは何か

ISO/IEC Guide51【参7】では安全の定義として、「許容できないリスクがないこと」と定義している。この定義によれば、安全とは、客観的に決まるものではなく受容をできるか否かという人間の主観によるものであることになる。そして、許容できることと許容できないことは、二分されるわけではなく、その間にどちらとも言えない領域が存在する。従って、安全を考える際は、まず許容できないリスクを明らかにすることとなる。

安全を考える際のリスクとしては、生命、心身の健康（短期、長期の健康被害・傷害・障害の視点も重要）以外にも、財産、環境、情報（喪失、漏えい）、経済、物理的被害、社会的混乱等、最近は風評被害もリスクという。

b. 一般論としてのリスクとは何か

最新のリスクマネジメント規格ISO 31000では、リスクの定義は、リスクとは「目的に対する不確かさの影響」と定義している【参6】。ここでいう「影響」とは、期待されていることから、よい方向及び／又は悪い方向に逸脱することであり、原子力の世界ではリスクは悪い方向だけが議論されているが、ＩＳＯではよい方向も含めている。これは、ある施策を実施した時に、好ましいことが起きる可能性と好ましくないことが起きる可能性は、常に同時に包含していて可能性として分離できないということを示している。また、良し悪しの受け止め方は受ける立場によって変わることもあり、明確に分けることは困難である、ということからもきている。この考え方によると、施策のリスクに対する判断は、好ましい影響の可能性、好ましくない影響の可能性を総合的に考えて行うことになる。

2)　規制と社会受容【参8】

安全は複数の要素から成り立っているとしているため、安全は、個々の要素が独立であれば個別にそのあり方を議論することが可能であるが、各要素に関係性がある場合は、総合的にそのあり方を定めることが必要となる。

安全のレベルは、リスク論を早くから規制に取り入れた英国において、広い分野の産業活動の安全規制の基本概念を構築している。それがＡＬＡＲＰ（as low as reasonably practicable）の考え方である。それによると、二つの基準で構成することになる。（図参照）**図２・２－１**において、基準値(A)はその基準を満足しなければ許容できないという値であり、その基準を満足すれば即受容できるという結論に至る基準というわけではない。また、基準値(B)は満足すれば即受容と判断される値ではあるが、対象の工学システムのリスクがこの基準を満足するということを判断するためには、対象システムのリスク分析においてはいくつかの条件を満足する必要がある。例えば、事故シナリオの網羅性がその要件の一つである。既存のリスク評価に用いられることが多いイベントツリー解析によって求められる発生確率は、分析の対象となっているシナリオの発生確

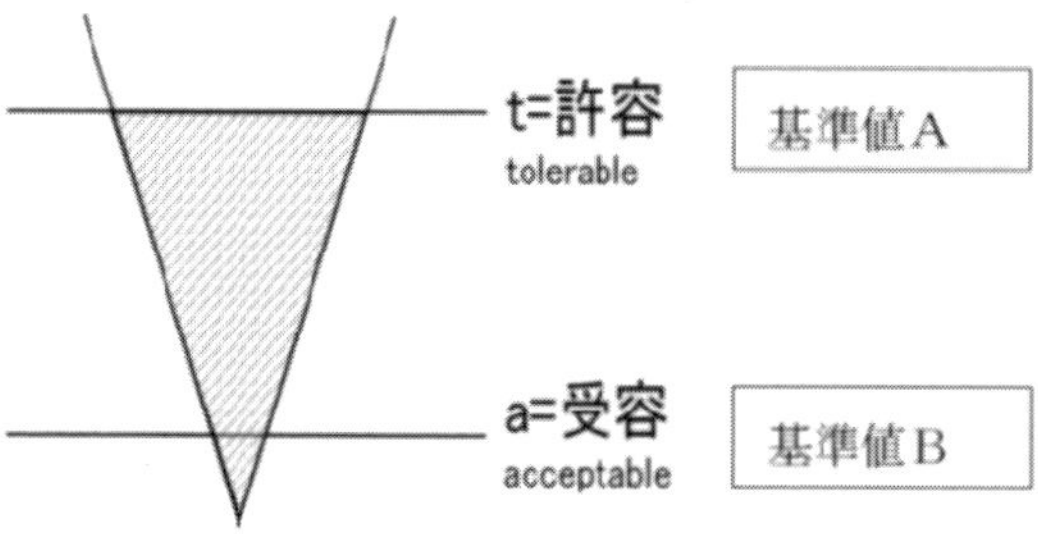

図 2.2-1　ALARP の概念

率に過ぎず、その値をリスク基準と比較してその安全性を判断するには、分析シナリオの網羅性を担保することが必要となるということである。

また、規制機関が設定する判断基準が、この基準(A)、(B)のどちらの基準に位置づけられるかによって、規制を満足するということと、社会が対象システムを受容するということとの関係が異なってくる。さらに、受容の判断は対象システムの規制基準への適合性により判定される安全の判断だけでは決まらない場合もある。例えば、対象とする工学システムの利便性やその稼働に付随する経済効果等も受容判断の要素に組み込まれたり、同等機能を持つ代替システムの存在もその判断に影響する。

英国の考え方は、歴史的背景の異なるわが国にそのまま適用できるものではないが、リスクを受容する際の条件には、本質的に上述の二つの性格の異なる条件があり得ることを認識しておくことは有用である。また、通常、安全規制では、適合しないならば許容しないという意味で基準値Aの性格の基準のみが用いられることが多いが、技術の進歩を反映して安全性の向上を図る意味では、基準値Bを含めたALARPの考え方を何らかの形で取り入れることも一考に値する。

ALARA (as low as reasonably achievable) という表現も用いられる。どちらも同じ意味で用いられる。

3) リスクを総合的に判断すること

あらゆるシステムには、リスクがある。ただ、そのリスクの種類は異なる。どのリスクを選択するかは、社会が目指す姿によって異なるはずである。リスクの受け入れは、その対象となるリスクの影響や大きさによってのみで決まるわけではない。

リスクは、受け入れても受け入れなくても、その状況に変化を与えない限り、リスクの存在状況は変わらない。特定のリスクを受け入れないために、別のリスクを大きくすることもあることを考え合わせると、やはりどのリスクを受容するかは、選択肢のある複数のシステムの正負の影響を総合的に検討する必要がある。

人は、ものごとを判断する場合、現状を前提として考える場合が多い。しかし、未来は現在のゆるやかな延長線上にあるとは限らない。未来の環境は、現状と大きく変わることもある。我々は、その多様な変化に対応していかなくてはならない。その変化する未来に適切対処するために、リスクという未来の指標を用いた判断が必要になるのである。

(4)　原子力発電所のリスク評価

1)　背景

福島第一原子力発電所事故の重要な教訓の一つは、リスク評価をもっと活用すべきだったということである。例えば各国の原子力安全の専門家が参加してつくられたIAEA事務局長報告書【参9、10】では、教訓として「発電所が該当する設計基準を超える事故に耐える能力を確認し、発電所の設計の頑強性に高度の信頼を与えるため、包括的な確率論的及び決定論的安全解析が実施される必要がある（中略）福島第一原子力発電所に関して実施された確率論的安全評価研究は対象範囲が限られており、内部又は外部の発生源からの溢水の可能性を考慮しなかった。これらの研究が限定されていたことが運転員に利用可能なアクシデントマネジメント手順の対象範囲が限られることにつながった。」と述べて、包括的でアクシデントマネジメントの準備状況までを反映したＰＲＡが重要であることを指摘している。

2) 原子力発電所のリスク評価の方法

原子力発電所のリスク評価の方法は、確率論的リスク評価（ＰＲＡ）と呼ばれている。ＰＲＡは、施設で起こり得る事故シナリオを系統的に洗い出し、その発生の可能性（頻度）と影響の大きさを評価することで施設の安全を公衆へのリスクとして表現する安全評価の方法である。原子力発電所の場合、社会に災害をもたらす事故は炉心に蓄積された放射性物質が格納容器の外へ大量に放出される事故に限られるので、ＰＲＡでは、炉心損傷がなければ放射性物質の放出事故はあり得ないことから、炉心損傷に至る事故のシナリオを洗い出し、その発生頻度を推定すること（この作業をレベル１ＰＲＡと呼ぶ）を、まず、行っている。さらに、シナリオとして格納容器の破損がなければ放射性物質の外部への放出はないとして、格納容器破損に至るシナリオを洗い出し、その発生頻度を推定するとともに放射性物質の環境への放出量（ソースターム）を推定すること（レベル２ＰＲＡ）を行っている。その上で、そのソースタームを用いて住民及び環境への影響の大きさを推定すること（レベル３ＰＲＡ）を行い、リスクとして放射性物質の放出がもたらす影響を評価している。

レベル１ＰＲＡでは、安全設備の成功、失敗に応じて事故が進展していくシナリオを分類するイベントツリーや安全設備の失敗確率を計算するために失敗原因を洗い出して整理するフォールトツリーを用いたシステム信頼性分析と、発電所での試験や保守記録などの運転経験に基づく機器信頼性データが用いられる。また、運転操作や保守作業での失敗の可能性も考慮される。

レベル2PRAでは、シビアアクシデント時に発生する水素爆発や溶融物とコンクリートの反応、燃料からの放射性物質の放出とエアロゾルとしての移行など様々な物理現象をシミュレーションする必要があるが、このためには一九八〇年代から日本を含め各国で積み重ねられてきた実験データと計算コードが使われる。

レベル3PRAでは、放射性物質の大気拡散の計算と呼吸や飲食による放射性物質の人体への取り込みと健康影響の計算がなされる。事故の発端となる事象を起因事象と呼ぶが、起因事象には地震や津波のような外的誘因事象によるもの（外的事象と呼ぶ）と、発電所内部で偶然的に発生する故障や失敗によるもの（内的事象）が考慮される。

地震動、津波などの外的事象の場合には、それぞれの事象ごとに異なる専門分野の知識が必要になる。例えば地震では発電所に来襲する地震動の強度に応じた発生の可能性（発生頻度）を定量的に予測すること（地震ハザード評価）と、安全設備を構成するポンプや非常用発電機などの機器について地震動の強度に応じた損傷確率評価（フラジリティ評価）が必要になる。

3) リスク評価の有用性と関係者の共通理解の必要性

a．安全確保におけるリスク評価の有用性

原子力発電所の安全を確保するには、平常時から設備の信頼性や運転員の事故時対応能力の維持・向上が重要であるが、ＰＲＡによって、複雑な安全設備の中で、どの機器やシステムが安全確保にとって重要であるか、どのような運転操作が事故の防止や影響緩和にとって重要であるかといった事項について、定量的な情報が得られる。この情報を参考とすることにより、設計における弱点の補強、無駄な安全設備の削減、保守管理における重要度の高い機器への優先的資源配分などが可能となり、安全性を確保・向上させつつ、経済性も高めていくことができる。また、平常時に設備の故障やトラブル発生を記録しＰＲＡで用いる機器故障率に反映させることにより、設備の信頼性のトレンドを監視することも可能となる。

こうした活動においては、規制機関又は事業者により、確率論的な安全目標が定められていれば、それを満足できるように設備の信頼性を維持するという設備の管理目標を設定することも可能となり、科学的合理性の高い保全活動の計画が可能となる。

b．防災への利用可能性

防災計画については、今回の事故の教訓として実際の事故時にはオンラインでの事故状態把握や事故進展予測は難しいので、平常時から具体的な過酷事故のシナリオを想定し、不確実さにも配慮して計画を整備することが重要であることが指摘されている。このためには広範なシナリオの発生可能性を考慮して有効な防護対策を検討しておくことが必要であり、ＰＲＡはそのための有力なツールとなると期待できる。

c．リスクコミュニケーションへの利用可能性

さらにリスク評価の重要なメリットは、様々な分野での原子力関係者間及び原子力関係者と公衆との間のコミュニケーションにとって、リスク評価の考え方や評価結果は重要な素材となりうる。

d．リスク評価の活用の条件－関係者間の共通理解の大切さ

ＰＲＡは、最初に実施する時には大量のデータの集積や計算が必要なので事業者の負担は小さくない。また、リスクを公衆に説明するには、安全神話に頼らず、現在のリスクと自らの対応を説明し、それへの公衆の意見を聞く覚悟が必要である。従って、ＰＲＡがわが国に根付くには、電気事業者の社内、規制機関、公衆の間の共通理解が極めて重要である。

2・4　原子力発電におけるリスク評価の利点と課題【参11】

原子力発電所の安全性の維持向上につながる種々の安全確保活動あるいはそれに関する規制行為におけるリスク評価の事例の歴史を踏まえ、利点を分析するとともに、課題にも触れる。リスク分析には、ＰＲＡ、ハザード解析、裕度評価、などの多種の方法があるが、本節ではＰＲＡを中心に記載する。

(1)　活用の実績

わが国において、リスク評価は20年来にわたって行われてきた。ここでは３つの時期に分割して、その特徴を説明する。

1)　第一期（安全確認への活用）

一九七〇年代からＰＲＡ技術の導入と整備が、研究機関、産業界において行われてきた。一九九〇年代に至り、事業者において個別プラントのＰＲＡが実施され、ＡＭ（アクシデントマネジメント）策が実施された。そしてＡＭ策の有効性評価にもＰＲＡが用いられた。また、10年に一度、プラントの安全をレビューし追加の安全策を見出す定期安全レビュー（PSR：Periodic Safety Review）においては、個別プラントＰＲＡの結果が掲載され、性能目標と十分に差があることをもって、様々な安全確保活動の積み重ねからプラントが安全であることが示された。

一方、プラントの安全確認だけのＰＲＡの利用ではなく、その知見を用いてプラントの運用管理を工夫する試みも開始されていた。電力においては、ＰＷＲの停止時リスクの高さに注視し、停止時ＰＲＡ結果から、定期検査に入り時々刻々変化するプラントの設備などの作動の組み合わせによる停止時のリスクの変化を計算し、停止時炉心損傷頻度（CDF：Core Damage Frequency）を定期検査工程の時間調整に用いてきた。これは現場主導で20年間にわたり継続されてきている。メーカーでは新設計のプラントにおける、設備の仕様の設計判断にＰＲＡの試算値を参考にしている。また新設計プラントでは設計時点からＡＭ策を織り込むことから、設計の進捗に従いＰＲＡの試算を何度も繰り返し、リスクを把握する試みをしていた。

それ以前は「設計基準事象を超えて炉心が溶融するような事態は起こらない」との認識が関係者内において持たれていたことに対し、シビアアクシデント（ＳＡ：過酷事故）に対して取り組みを検討し実施し、その効果も評価し、それらを公表する、ということを通じて「起こらない」としていたＳＡ領域にも、踏み込んだ点で、当時は画期的なものであった。

2) 第二期（リスクインフォームドの取り組みの開始）

二〇〇〇年代に入り、わが国においても、米国で取り組み実績をあげていた保全管理へリスク評価を活用する試みが検討され始めた。これらは、一時期のリスク上昇を許容範囲内で認めることで、総体としてのリスク低減・安全性向上を合理的なリソース配分で両立させる試みとして、取り組みの計画が進められていた。旧原子力安全委員会や旧原子力安全・保安院においては、基本方針や基本的考え方、ＰＲＡ（当時はＰＳＡ：Probabilistic Safety Assessment）手法のガイドライン、そして安全目標、性能目標についても定められた。同時に原子力学会においては多くのＰＲＡ実施基準が策定された。

さらに、規制要求としても、旧原子力安全委員会の耐震設計審査指針改訂において、地震ハザードを参照して地震動を設定することと、「残余のリスク」の評価が求められた。

3) 第三期（福島第一原子力発電所事故以降）

上記の第二期で計画されていたリスクインフォームド規制（ＲＩＲ）は、二〇一一年三月の福島第一原子力発電所事故によって中断されたが、その後リスクに着目して安全性向上に取り組む、という姿勢が改めて認識されて、新規制基準において、重大事故（炉心の著しい損傷）対策が加えられ、そのための代表シーケンスの抽出に地震や津波も含めたＰＲＡを参照するという流れに至っている。

以上のようにリスク評価の歴史を俯瞰すると、当初は安全確認のためだけのＰＲＡであったが、次の段階ではリスクを用いてプラントの管理をより適切に行うためのＰＲＡに移行している。震災により試みは中断したが、主に地震や津波の外的事象からのＳＡを防止、緩和するための対策の妥当性、有効性を評価するために、外的事象のリスク情報を参照することに重点が置かれている。

(2) 活用の種類

国内外で実施されてきたリスク評価の様々な種類、その目的、そして用いるリスク情報の種類を、**表2・4－1**に分類した。

①では、炉心損傷頻度（ＣＤＦ）値あるいは格納容器損傷頻度（ＣＦＦ）値と性能目標値を比較することで、プラントのリスクレベルを把握し、それまで行ってきた設計や運用などが妥当であるか否かを判断できる。ただしＰＲＡの結果には不確実さが含まれるので、不確実さ幅と性能目標値との関係を定量的に見て妥当と判断することが重要である。なお、絶対値同士の比較は、合否判定に似て分かりやすいが、不確実さの大小によっては、判断の信頼性が低下するので注意が必要である。

次に、②ではＰＲＡの内訳の情報（例えば、どの事故シナリオがどのくらいの発生頻度か、どの起因事象が支配的か、どの設備が炉心損傷防止に効果的か）を用いて、プラント全体のリスクプロフィールを把握することである。これにより、ある特定の起因事象、設備、又は操作などが突出して大きい割合を占めているような場合には、それらに対する策を考えることが必要である。

③と④では、機器信頼性の変更、すなわち機器取替え、改良、検査頻度変更等による変化分ΔＣＤＦ／ΔＣＦＦを用いるものである。③は、リスク低減策の効果を定量的に把握するものであり、策の前であれば効果の推定、後であれば効果の把握となる。これに対して④では、ある設備／操作などの

表 2.4-1　リスク評価の分類

	項目	内容	指標例
①	絶対値を用いること	施設全体の総括リスクを把握し、判断基準との比較で総体としての安全性を確認する。	CDF、CFF 他
②	内訳を用いること。	リスクの内訳を見て、重要性の大きな機器に対応策を施す。	起因事象別CDF 機器重要度 (RAW,FVなど) ランキング 他
③	変化を用いること。(リスク低減方向)	リスクを抑制あるいは低減するための行為（例：機器の改良、系統構成の多重化、運用方法の見直しなど）のリスク低減効果を見る。	Δ CDF、Δ CFF 機器重要度 (RAW,FVなど) ランキング 他
④	変化を用いること。(リスク増加方向)	リスクを限られた期間、許容される範囲内での上昇を認める一方、総体としてのリスクは低減する方向に工夫を行うこと。(例：OLM、AOT延長など)	Δ CDF、Δ CFF
⑤	リスク重要度に応じた対応	規制あるいは管理において、リスク重要度に応じた手当てを施す。	機器重要度 (RAW,FVなど) ランキング

凡例）CDF（Core Damage Frequency）：炉心損傷頻度
CFF（Containment Failure Frequency）：格納容器機能喪失頻度
Δ（Delta）：変化分
OLM（On Line Maintenance）：運転中保全
AOT（Allowed Outage Time）：許容待機除外時間
RAW（Risk Achievement Worth）：特定機器の故障、過誤発生確率低減の効果
FV（Fussel Vesely）：特定機器の故障、過誤の低発生確率の安全維持重要度

リスクがある限定した期間で増加することを許容しても、それが許容範囲内であると同時に、全体（時間軸でも、システムとしても）の視点からもリスクは低減できることに用いるものである。

最後に⑤は、②と近いが、機器ごとの重要度解析結果から、例えばリスク低減に大きく効果がある設備や操作などは、費用や工事期間がかかっても行う価値がある、との判断もできる。逆に対策を採ってもリスクに対して大きな重要度を持っていなければ、対策内容を見直すこともあり得る。

(3) 活用とその利点

米国の電力研究所（EPRI：Electric Power Research Institute）が二〇〇八年に公開した「Safety and Operational Benefits of Risk-Informed Initiatives」という白書【参12】に記載されている「安全上の利点」と「運転上の利点」を参照し、**表2・4－2**にリスク情報を活用する活動の利点を分析した。ここでは活用の利点を把握してもらうため、「保守管理規則」「供用期間中検査」「火災防護」の3つの活用に絞った。

(4) 活用に必要なリスク指標

リスク評価を実務に活用していくためには、対象となる活動に相応しいリスク指標を考える必要がある。活動において不確実さの対応に苦慮している場合やより多くの判断材料を求めている場合など、PRAの結果に活路を見出そうとすることも悪いことではない。理想を追い求めるあまり不作為に陥るよりは、試みであっても、また結局は使われなくてもリスク評価を行い、その結果を吟味すること

表 2.4-2　リスク評価による活動の利点

リスク評価を活用した活動	安全上の利点	運転上の利点
保守管理規則	・リスク情報を活用した保守の仕組みの実現 ・リスク上重要な SSC への保守の集中 ・リスク上重要な SSC の不稼働率の軽減 ・正味リスクの軽減	・リスク上重要でない SSC への保守集中の軽減 ・直接の利点が最小であること
供用期間中検査	・リスク上重要な検査への集中	・検査コストの削減 ・個人被ばくの低減 ・複合停止の短縮・削減 ・運転停止の短縮によるプラント時間稼働率及び設備利用率の改善 ・運転停止に必要な資源の削減
火災防護	・リスク上重要な SSC への集中 ・セーフティカルチャーの改善 ・安全上の影響が最小限であることの確認	・重要でない活動への焦点軽減 ・新たに発生する火災に関する問題 / 要件を処理するためのよりコスト効果的なアプローチ

凡例）SSC（Structure,System and Components）構造物、系統、機器

表 2.4-3　リスク指標と活用対象活動

リスク指標	活用対象活動
CDF、CFF	立地評価、安全設計の効果把握、設計基準事象の選定、耐震設計の残余のリスク、プラントの安全レベル把握、安全問題抽出、他
CDF{t}、CFF{t}	定検工程管理、長期のプラントマネジメント、他
QHO	防災対策、規制案件の採否、他
Δ CDF、Δ CFF	改善策効果、施設管理、マニュアル改良、検査（IST、ISI 等）見直し、他

凡例）QHO：（Quantitative Health Objective）定量的健康目標
IST：（In Service Test）運転中試験
ISI：（In Service Inspection）運転中検査

は、意思決定の視野と深さを拡張することにつながる。

リスク情報活用を推進していくヒントに資するために適用対象となる活動、とその指標の関係を**表2・4－3**にまとめた。ただし、一つだけのリスク指標で活動における意思決定をすることは判断材料が不足する可能性があるので、その点に留意しておく必要がある。

2・5　深層防護と原子力安全

(1)　原子力安全と深層防護（Defence-in-Depth）

深層防護は、事故の発生防止と影響緩和の主要な手段として位置づけられている。それは、基本的には「事故を起こさない」、「起こしても拡大させない」、「起きたとしても公衆に被害を及ばせない」ための考え方であり、さらに「異常の発生防止」「異常の拡大防止と事故への発展の防止」「放射性物質の異常な放出の防止」の3段階からなる。これに、「過酷なプラント状態の制御」と「放射性物質の大規模な放出による放射線影響の緩和」を含めて5段階の防護レベルを定義している（**表2・5－1**）。

表 2.5-1　IAEA の深層防護の防護レベル

	深層防護レベル	目的	目的達成に不可欠な手段	関連するプラント状態
プラントの当初設計	レベル1（第1層）	異常運転や故障の防止	保守的設計及び建設・運転における高い品質	通常運転
	レベル2（第2層）	異常運転の制御及び故障の検知	制御、制限及び防護系、並びにその他のサーベランス特性	通常運転時の異常な過渡変化（AOO）
	レベル3（第3層）	設計基準内への事故の制御	工学的安全施設及び事故時手順	設計基準事故（想定単一起因事象）
設計基準外	レベル4（第4層）	事故の進展防止及びシビアアクシデントの影響緩和を含む，過酷なプラント状態の制御	補完的手段及び格納容器の防護を含めたアクシデントマネジメント	多重故障シビア・アクシデント（過酷事故）［設計拡張状態］[1]
緊急時計画	レベル5（第5層）	放射性物質の大規模な放出による放射線影響の緩和	サイト外の緊急時対応	

凡例）AOO（Anticipated Operational Occurrence）通常運転時の異常な過渡変化

[1] 設計拡張状態：設計基準事故としては考慮されない事故の状態であるが、発電所の設計プロセスの中で最良推定手法に従って検討され、また、放射性物質の放出を許容限度内に留める事故。設計拡張状態はシビアアクシデント状態を含む。

WENRA（Western European Nuclear Regulatory Association：西欧原子力規制者協会）やNRC（Nuclear Regulatory Commission：米国原子力規制委員会）では別の区分を採用しており、段数の振り分けは定まってはいない。

深層防護の基本的な考え方は、安全に関する全ての活動に対して互いに独立した多層の防護措置を準備し、万一の故障や失敗が生じた場合には、それを検知し、補償する、又は適切な措置により是正することを保証することである。深層防護においては、防護レベルを多段的に設け、一つの防護レベルが損なわれても、全体の安全が脅かされることのないようにするという考え方を採っている。深層防護は、原子力安全を確保するための効果的な戦略である。

人と環境を防護するにあたって，ある一つの対策が完璧に機能するのであれば、対策はそれだけで十分なはずである。一般に対策は、ある想定に基づいてとられるため、その想定から外れる事項や知識の不確かさによる対策そのものの不確かさ、その効果の不確かさが存在する。従って、一つの対策では、その実効性の不確かさを有するため、その対策のみでは完璧な対策とはなり得ない。

そのため、人と環境に対する危険性の顕在化を極めて高い実効性を持って防ぐ必要があることから、一つの対策では防げない不確さの影響に対して、次の一連の対策により防護策全体の実効性を高めることが必要となる。このように、一つの対策では防げない不確かさを考慮して、人と環境に対する防護策全体の実効性（成功確率）を高めるために適用される考え方が深層防護の概念である。

(2) 事態の進展シナリオにおける深層防護の位置づけ

具体的に達成する原子力設備の基準、炉心溶融、格納容器破損は、設備の性能目標と言われ、原子力安全を確保するための設備の設置に必要な設備の設計運用の安全管理に必要な目標値である。これと原子力安全の基準、また新たな安全目標「100TBq、10^{-6}／年以下」、特にこの「100TBq」との関係を明確にすることが必要である。すなわち、このように定量化してみることにより、原子力安全の目標を実現する深層防護による様々な安全の確保策が、どのように有効に作用するか、また目標の達成が可能か否かの判断がなされるのである。このように、定量的リスク評価（QRA）や深層防護(Defence In Depth）を適用して、具体的な原子力施設の安全確保の運用が図られる。

図2・5−1には、深層防護と事故進展において何が起きているのかの関係を示している。このように事故に対して、

①主に設備設計での対応である設計［原子力事故を起こさない］、

②AM（アクシデントマネジメント）策による事故の拡大防止［発生した事故が原子力事故に進展しないように収めるとともに大きくならないように抑える］、

③原子力事故となった場合の防災での対応［放射性物質の放出（原子力事故）に対して人への影響や環境への影響を住民側で防ぐ、もしくは減らす対応策を講じる］、

ということで、原子力事故に対する安全確保が図られるものであることを示している。ここに、最終の安全目標、すなわち「人への影響や環境への影響」として許容されるリスクを社会でのコンセンサスにより定め、その目標値に対して、設計やAM策、そして防災によりリスク低減を分担してどのよ

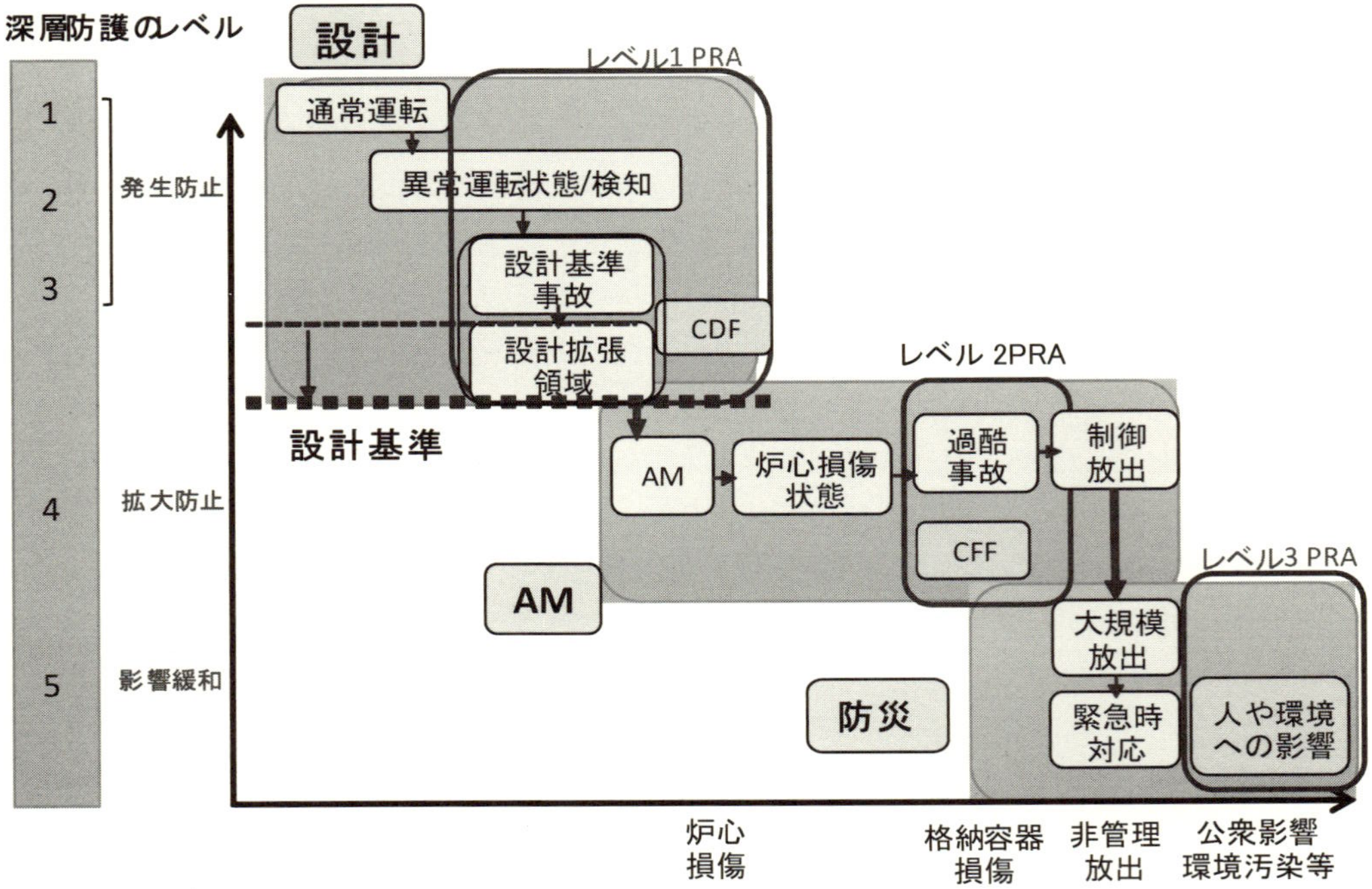

図 2.5-1　原子力安全に関する深層防護と事態の進展シナリオ

うに達成するかを定めていく必要がある。この目標のリスク低減分担に対してそれぞれの層での対応策が選択される。

(3)　安全目標、性能目標の設定

最近の原子力規制委員会での安全目標や性能目標の表明から推察すると、規制委員会は国民、住民とのコンセンサスを形成しようとしている。まず格納容器からの放射性物質の放出を制限する格納容器損傷頻度（ＣＦＦ）の設定である。それは、**図２・５－２**に示すように安全目標として放射性物質の放出限度をC_s 137で100TBqとし、相当する管理放出機能喪失頻度（ＣＦＦ－２）を10^{-6}／年とする案である。これを環境保護の安全目標として定め、より確実に実現するために、性能目標として格納容器隔離機能喪失頻度（ＣＦＦ－１）を10^{-5}／年や炉心損傷頻度（ＣＤＦ）を10^{-4}／年と定めていると説明している（**図２・５－２**）【参13】。

ここに実現の手段の位置づけを深層防護の考え方との関係を適用して表している。頻度は発生の目安である。第４層を超え、第５層に入るのをＣＦＦ－１と、ＣＦＦ－２の制限として二段階の制限を設けている。ＣＦＦ－１を放射性物質の放出量を管理して放出する制限とし、ＣＦＦ－２を、それを超える管理できない放射性物質の放出条件としている。これが従来の第５層に相当するものである。また第３層を超えて第４層状態に入るのをＣＤＦの制限としている。ここでも、第３層までの設計で担保するのは、著しい炉心損傷、炉心溶融を起こさない制限とされるが、設計での担保の条件と炉心損傷までの間も第４層、ＳＡ領域として表している。従来の第３層をこの図では図の左端を示し、こ

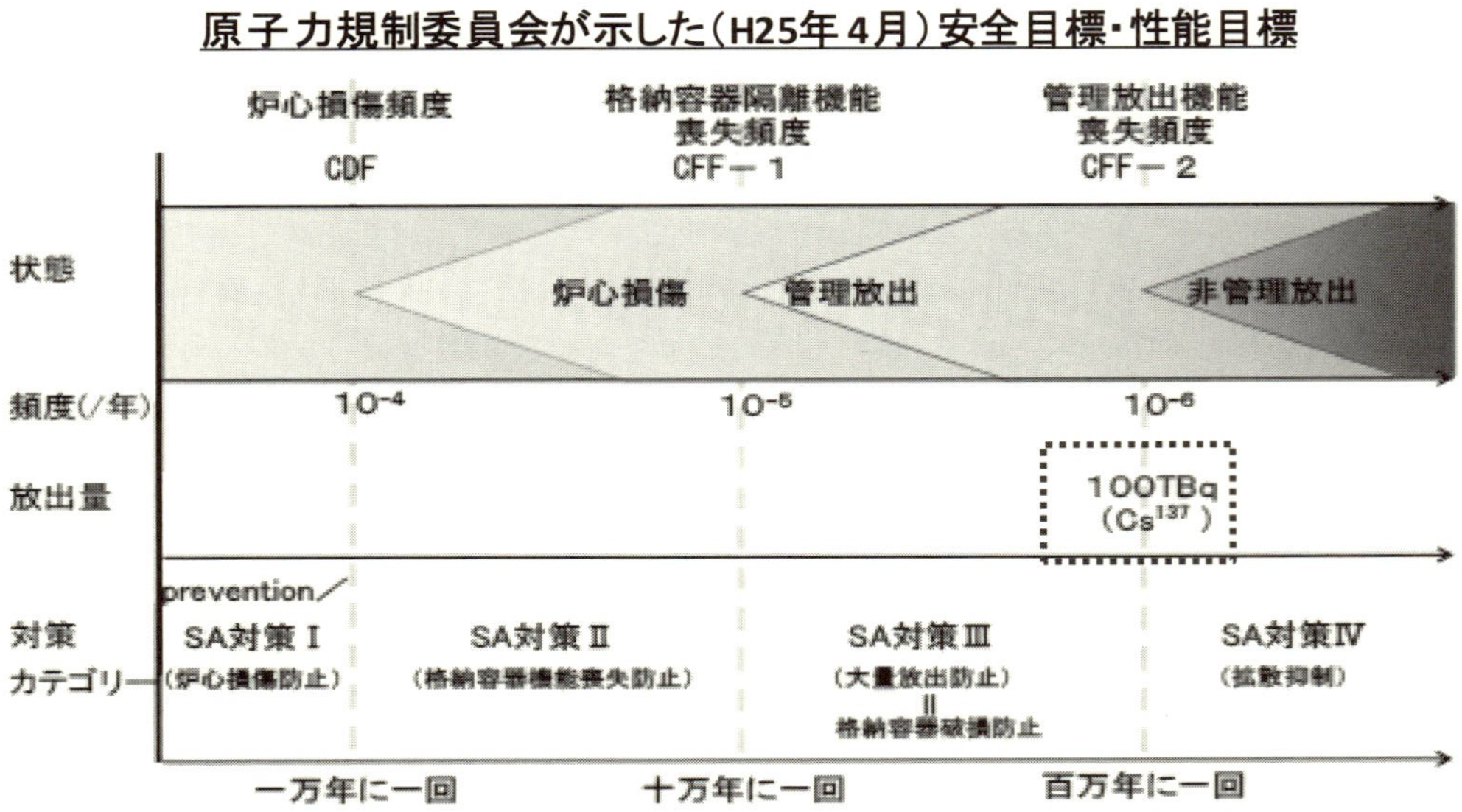

図 2.5-2　安全目標・性能目標

れは設計条件として与えられるものである。この設計条件を超えて炉心損傷に至るまでの間も第４層とするのが、この図で表される考え方である。

暫定的に安全目標として、放出される放射性物質の量を100TBq（10の14乗ベクレル）、その発生頻度を10^{-6}／年とする管理放出制限ＣＦＦ－２を設定することが提案されている。従来の安全目標は発電所敷地境界での死亡リスクであり、10^{-6}／年以下とされる。福島第一での事故以来、環境への影響は、重要な課題であるとされたが、これを定量的に示すことは難しく、性能目標であるＣＦＦ－２の放射性物質の放出量の制限を暫定的に安全目標としている。性能目標は事故シーケンスの途中の段階であり、これらの性能目標ＣＤＦ、ＣＦＦ－１が、安全目標とするＣＦＦ－２と定量的なリスクの視点では必ずしも一致はしていない。それぞれの性能目標が安全目標に対して、どのレベルの位置づけであるのかを確認する必要がある。**図２・５－２**に示しているのは、事故シーケンスにおけるそれぞれの経過事象が現われる頻度の位置づけであり、リスクを現わしているものではないことを理解しておかねばならない。

「リスク」は、起こり得る事象ごとに算定された「影響の大きさ」と「発生頻度」の総体として表現されることが多い。

リスクを受ける事象ごとに、「影響事象」ごとに定量化の質を合わさなければ比較はできない。事故シナリオでの事象が発生すると推定する頻度が、横並びとして比較されているが、それではリスクの比較にはならない。事象を同じレベル、同じ評価事象としなければならない。すなわち、安全目標として定めた放射性物質の放出量に合わせて、10^{-4}／年のＣＤＦや10^{-5}／年のＣＦＦ－１の事象の発生において、その後の対策が施されなかった場合、それによって直接もたらされる放射性物質の放出量がどれくらいのものとなり、リスクとしてどれほどのものとなるのかを評価する必要がある。

その作業により、影響の特性に応じて、注目するレベルを超える事象を認識することができ、リスク評価の有用性が高まる。リスク評価を行い、安全目標、性能目標に対して実際の対策がどの程度のリスクレベルとなっているのか、横並びでの評価を行うことができる。

(4) 安全目標の達成のためのリスク評価

２・５(1)節で述べたように、深層防護は原子力安全を実現するための基本的な戦略である。原子力安全の要求、安全目標を達成するための方策が深層防護の各層、各防護レベルの具体策として割り当てられる。それらの安全目標達成のための位置づけは、定量的なリスク評価により明確にされる。すなわち、原子力安全には「絶対」はなく、必ず一定量のリスクを伴う。いわゆる社会が受容できる領域、すなわち〝社会が決める安全目標の基準〟の範囲内で、リスク目標を「安全目標」として定量的に示し、それを達成する。さらにはより低いリスクとなるように常にリスク低減の努力を行う。それが原子力安全を確保する活動である。深層防護の各層、各防護レベルは、安全目標であるリスク低減をバランスよく分担し、それによりトータルとしての原子力安全の定量的なリスク目標を達成することが望ましい。それが結果としてのリスクの顕在化を防ぐことに効果的であると考える。

図２・５－３には、社会に受け入れられるリスクと深層防護における各防護レベルが達成するリス

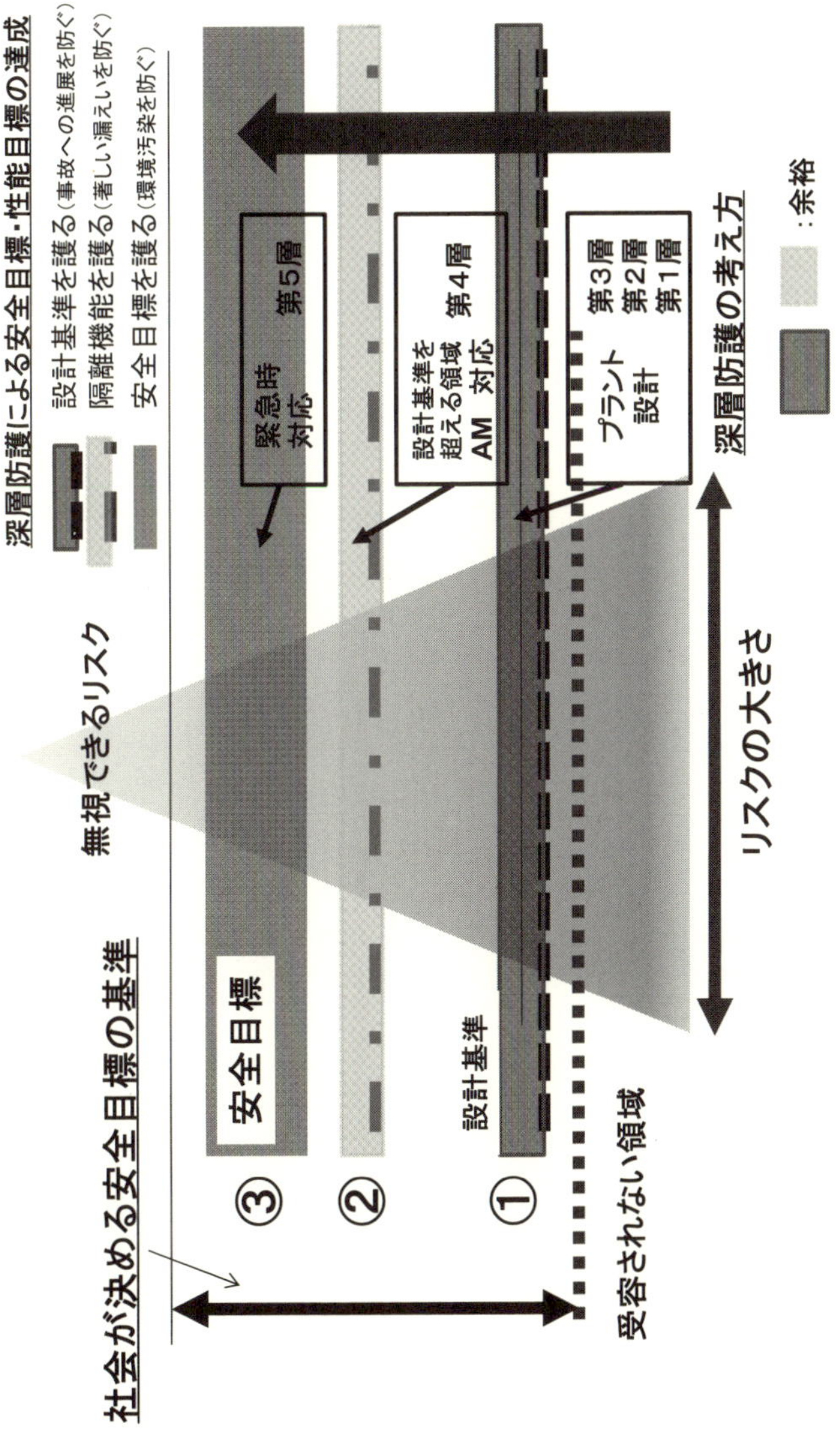

図 2.5-3　深層防護と達成するリスク目標

ク低減の関係を示した。リスクの大きさは、深層防護の段階が進むに従って小さくなっていく（⬇矢印で示す）。すなわち、ここでリスクとして表される「影響」は、目指す「安全目標」であり、例えばこれまでの安全目標のように「死亡」で表される場合もあり、また前節で示した新たな目標事象「環境の放射線量」や「環境への放射性物質の放出量」で表すこともよい。リスクはこれに「発生頻度」をかけて得られる値である。以下に説明するいずれの段階においても、同じリスクとして同じ「影響」を指標として用いて評価されなければならない。第一段階のプラント設計で対応している領域は、深層防護の第1層から第3層の防護レベルで対応している領域で、想定する事故の発生程度の可能性を許すが、過酷事故への進展を未然に防ぐ領域である。この設計対応でリスクは一定の水準（破線で示す）を満たすことが望ましい（①）。このリスクは、もしこのまま設計基準を超える事態が起こり、第4層以下の対応ができていないとした場合にどのような事態が発生し、どのようなリスクとなるか、を示したものである。もちろんこの制限においても曖昧さがあるが、新たな考えを適用するにおいては、これでも事故発生に対しては死亡事故はないようにしたいものである。第二段階は、炉心損傷への進展のリスクは想定するが、放射性物質の大量放出事故への進展を未然に防ぐ深層防護第4層の防護レベルの領域である。設計対応を超えて、このＡＭ策の領域に入る事態となった場合においては、様々なＡＭ策を施しても功を奏しない場合も考えられる。その場合の策が管理放出である。それがＣＦＦ－1の制限付きの格納容器の機能喪失である。このように放射性物質が環境に放出される事態となった場合の安全目標に対するリスクが、100TBq（100×10の12乗ベクレル）、その発生頻度を10^{-6}／年とする管理放出制限リスクＣＦＦ－2である（②）。これが安全目標の一つとするリスク値であるが、これは、福島第一事故での環境汚染の年間10mSv、現在の目標線量年間1mSv以下という数値に対して、事故当時の放出量の約100分の1であることから、どの程度のリスク値を目標としているかが推察される。最終段階は放射性物質が管理されずに環境に放出される事態となった場合の防災での対応である。この第三段階は、社会が許容できる程度の放射性物質の放出事故の可能性を想定し、事故の発生による放射性物質の放出による環境影響のリスクを安全目標以下、もしくは放射性物質による人への影響をそれにより発生するがんに罹患するリスクを安全目標以下とするように対策、手立てを施す（③）。深層防護の第5層の防護レベルの領域を示す。それにより社会が受ける影響を厳しく制限するものである。このようにして、各層、各防護レベルで事故の影響度を定めて、その進展リスクを抑える手立てを施し、全体として放射性物質の放出事故による社会が受ける放射能事故のリスクを低く抑えようとするものである。

すなわち、第一段階の第1層から第3層までの事故の発生防止としての設計段階では、CDFが抑えられたとしても、それを超える場合に事故はどのように進展し、リスク値がどの程度になるのかを想定した第一段階の第1層から第3層までのそれぞれに対応した設計を行うことである。その上で、第二段階の第4層の対応、様々なAM策の施策が行われる。同様に、CFF－1を超えて放射性物質が管理された放出される事態となる場合の目標とするリスクの数値が、どの程度になるのかを想定した第二段階の第4層、AMの施策が求められる。このようにそれぞれの段階でのリスク値を理解した上で、リスク低減を分担し、トータルとしての目指すリスク値を「安全目標」として設定していることを、社会的リスクとして理解することが必要なのである。

深層防護の各防護レベルは、事態がさらに厳しい事態へと進むことへの対応を採るものであり、社会が許容できると判断するリスクを安全目標として、それを達成するべく第5層の防護レベルの達成目標であるリスクレベルが設定されている。さらに、第4層の防護レベルでの事象の進展を考えて、第4層の防護レベルで達成すべき目標を定めて第4層の対応策を検討する。同様に、第4層の防護レベルとのバランスを考慮しながら、第3層の防護レベルで達成すべき目標を定めて、第1層から第3層の防護レベルでの対応策を検討する。これが、定量的なリスク評価と深層防護の関係の考え方である。リスク評価の基準は「社会が決める基準」のリスクレベルであり、ALARPで示されるところの社会が「受容できる」「許容できる」領域で定められる、というリスクへの向き合い方を社会とともに理解することが必要である。

(5) リスク評価の目指すもの

現実に、これまでは安全目標を、原子力発電所の敷地境界での環境放射能のレベルを評価した上での人への影響として、死亡リスク10^{-6}／年以下として与えてきた。しかし、福島第一の事故以来、環境リスクへの配慮が重要であるとの認識が強くなっている。事故の発生において、長期にわたり環境から受けるリスクを1mSv／年以下とする要求が強い。一方、放射性物質の環境への放出制限値を100TBq×10^{-6}／年以下とするとの方針も出された。安全目標をどのようにすべきかについては、前記の定量化の議論など様々な議論が残されているのが現状である。

これまで設計や対応策の検討において用いてきた、第4層の防護レベルとして定めた格納容器破損頻度（CFF）を10^{-5}／年以下とする性能目標や第3層の防護レベルとして定めた炉心損傷頻度（CDF）を10^{-4}／年以下とする性能目標が、安全目標のリスクとの関係で十分にリスク低減の役割りを果たしているのか、を評価しなければならない。

一方、社会のリスク認知は「リスク」とは事象の大きさを指して認識されている場合が多いことから、単純に発生頻度を持ち込んだ説明では認知されないことに注意しなければならない。ここでの深層防護との関係を明確にすることは有用と考える。

2・6　東京電力福島第一の原子力事故の前後でのリスクの違い

原子力発電所におけるリスクには、様々な観点−何を表すリスクなのか？−が存在する。原子力発電所における第一義的なリスクは、原子力安全に対するリスクである。原子力安全の目的は、「人と環境を放射線の有害な影響から護る」であり【参11】、従って最初に考えるべきリスクは放射性物質の放出に伴う健康リスク−放射性物質の放出リスク−となる。

本節では、福島第一原子力発電所事故（以降、「1F事故」とする）後に行われた様々な対策により、原子力安全に対するリスクがどのように変化したかについてまず考察する。次に原子力発電における様々なリスクに触れ、総合的なリスク評価の重要性について考察する。

リスクの定量化としては、危惧する事象（例えば、放射性物質の放出にかかる人的被害や環境への影響など）が発生する確率とその時の影響の大きさ（人的被害等）の組み合わせで評価される。工学的な原子力安全の観点からは、設計や追加設備、マネジメントによる対策により、危惧する事象の発生確率を下げる対応が主に施されてきた。また、それでも万が一発生した場合には、防災による対策で影響をより小さくする対応がなされている。この両者の対策により、原子力安全に対するリスクの低減がなされている。これらは深層防護の概念に基づき実装されており、そのイメージを**図2・6－1**に示す。図では津波を例にしているが、ハザードが発生しても、敷地に影響を及ぼさない、敷地に影響が出ても重要な機器に影響を及ぼさない、また万が一影響が及んだ場合でも燃料（炉心）が壊れないようにするといった形で、前段の防護策の不確かさを考慮した対策を幾重にもめぐらせることで全体の実効性を高めている。

なお図では具体的な設備対策（いわゆるハードウェア）のイメージに見えるが、アクシデントマネジメントではハードウェアを含め緊急時の人的運用等のいわゆるソフトウェアも各段の実効性を高めるために用いられる。

以下では、1F事故後の様々な対策により、原子力安全に対するリスクがどのように変化したかについて考察する。

(1)　1F事故前後のリスクの違い

工学的に原子力安全に対するリスクを定量化する場合、地震、津波といった外的事象や設備の不具合などの内的事象により、原子炉出力の突然の変化（過渡事象と呼ばれる）が発生し、放射性物質の外部（原子力発電所の敷地外）への放出に至るような事故（以降、「事故」とする）のきっかけにな

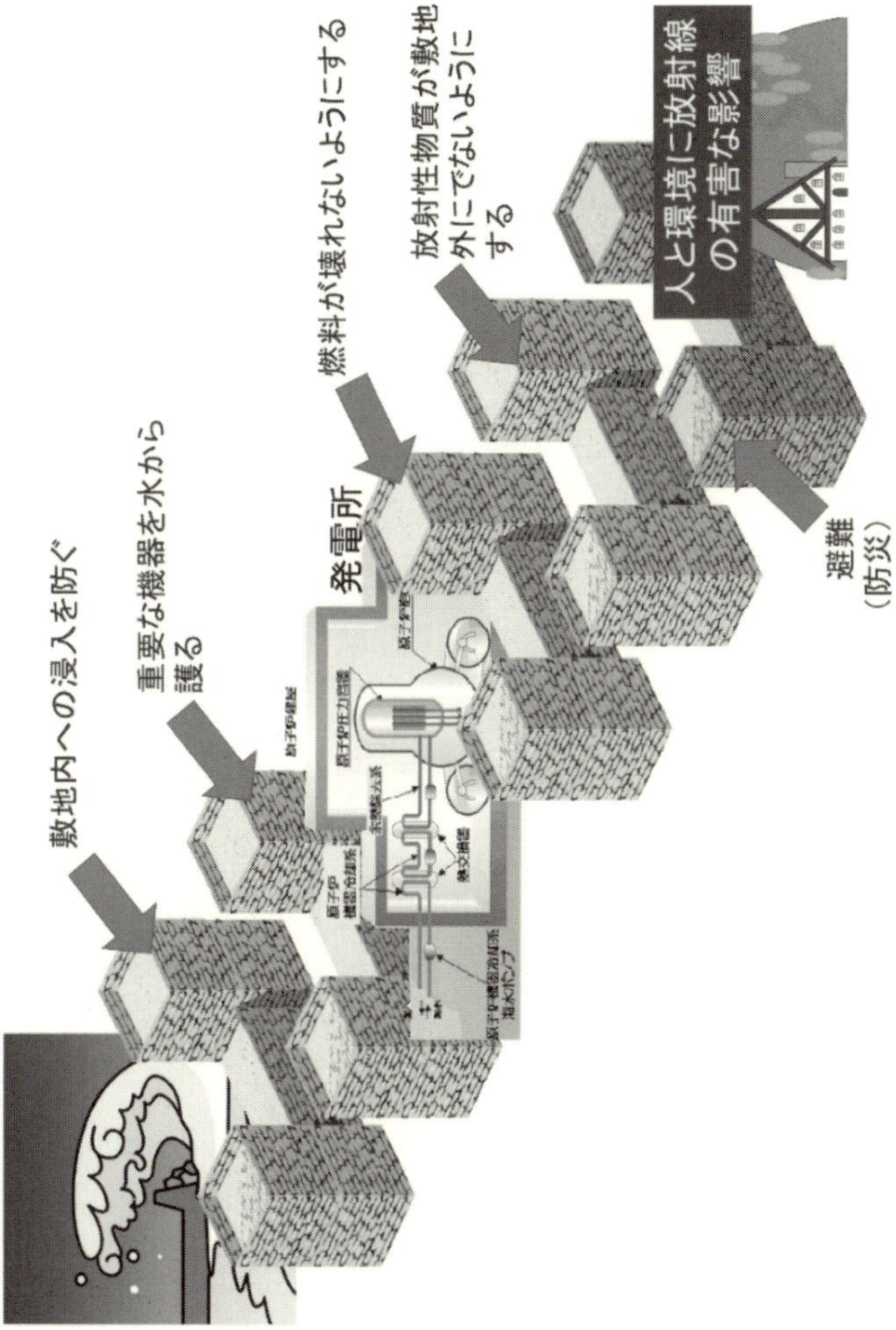

図 2.6-1　深層防護に基づく放射性物質の放出リスクへの対応

るもの（起因事象と呼ばれる）が、どの程度の割合で発生するか（何年に一度とか何千年に一度とかであり、頻度と呼ばれる）をまず評価する。次に、そのきっかけが起きた場合にどの程度の確率で「事故」に至るかを評価する。両者を掛け合わせることにより、着目した起因事象において「事故」が発生する確率（正確には発生頻度）を評価する。最後に「事故」が発生した場合の人や環境への影響を評価することでリスクの定量化を行う。

地震や津波の場合、小さな規模のものは発生する割合が高く、大きな規模のものは発生する割合は小さい。従って、発生する規模とその確率には関係（相関）がある。この相関を表わしたものをハザード曲線と呼ぶ。発生する規模によって、「事故」が起きる確率も変化する。このため、ハザード曲線を基に各規模の発生割合を評価し、その時の「事故」が発生する確率を評価し掛け合わせ、それらを足し合わせることで地震や津波による発生頻度を評価する。

まず1F事故の前後で、津波が発生する頻度とその規模の関係（ハザード曲線）の変化の一例を**図2・6－2**に示す。

図は今回の震災における津波の知見の有無が震災直前におけるハザード曲線の変化に及ぼす影響を示したものであり、横軸は津波の規模である水位に、縦軸にはその発生割合として年超過頻度となっている。図に示すように、これまで想定されていなかった津波の来襲という新しい事実により、大規模な津波の年超過確率が10倍程度増加していることが分かる。1F事故前では今回のような大規模な津波が発生することについて、その可能性が曖昧であり、不確かさが大きい領域であったが、新しい

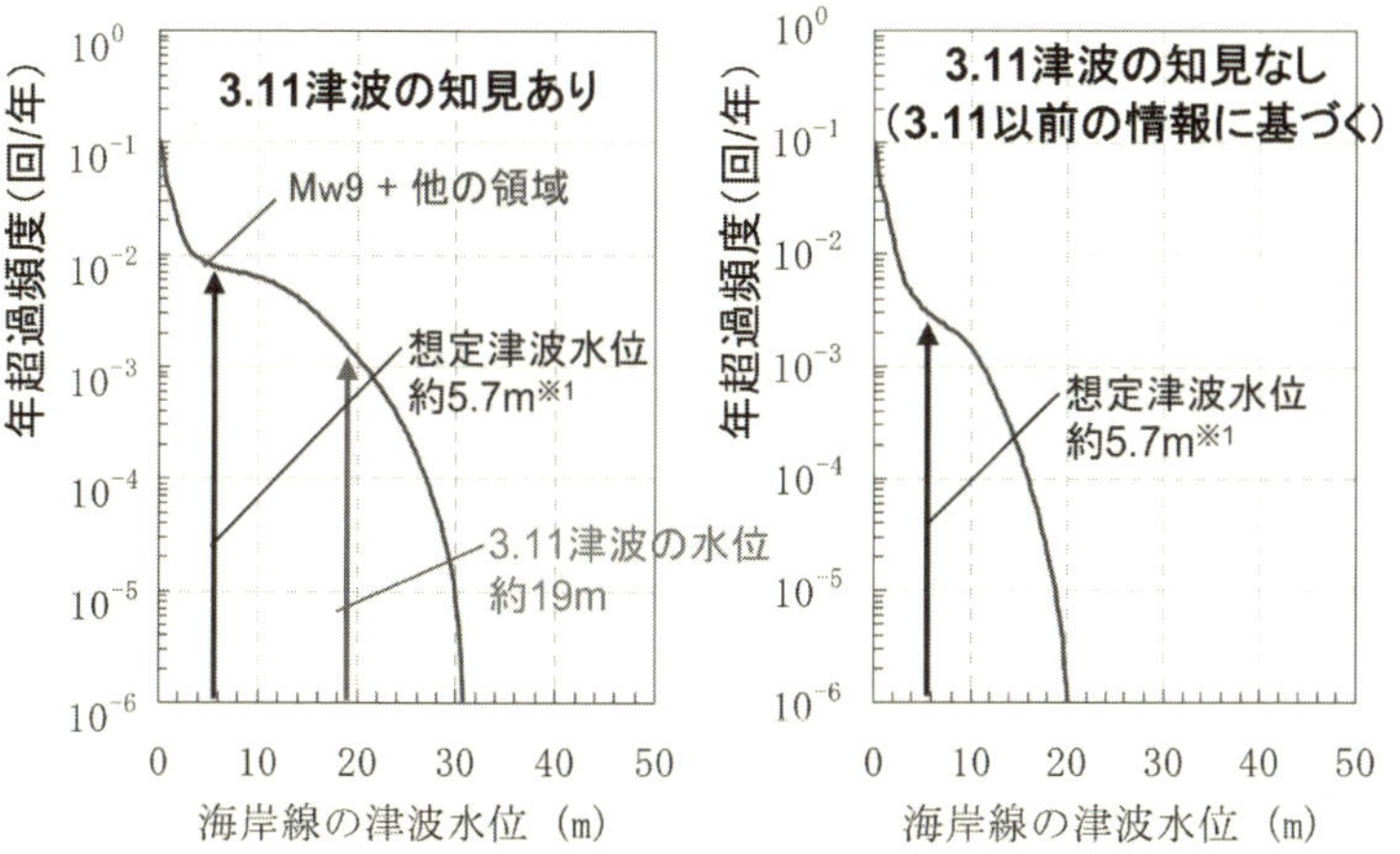

図 2.6-2　1F 事故前後における津波ハザード曲線の変化の例【参 14】

事実により発生する割合は増加しているものの、不確かさは小さくなったといえる（不確かさとしてのリスクは小さくなったが、その代わり、認識可能な危険が増えたとも考えられる）。

新しい規制及び電力事業者による自主的安全性向上では、津波も含め、想定した起因事象が発生しても、「事故」に至らないための対策が行われている。例えば津波の場合、防波堤や防潮堤のかさ上げ、海水ポンプの防水対策、水密扉の設置等があげられる【参15】。原子力発電所における「事故」に対する対策としては、大別すると、燃料を損傷させない（放射性物質を燃料に閉じ込める）ための対策と、燃料が損傷しても放射性物質を外部に出さないための対策がある。**図2・6－3**に今回の対応によりどの程度前者（燃料を損傷させない）の発生が低減されたかを評価した例を示す【参16】。図右下に示すように、対策により燃料の損傷が発生する割合（頻度）は約1／10に低減されている。

原子力発電所では、燃料が損傷した場合でも、その後のアクシデントマネジメントにより放射性物質を外部に放出しない対策が実施されており、1F事故後の対策としてこれらの強化（電源車や消防車等の多重、多様な対策）が行われている。これらのアクシデントマネジメント対策は、燃料の損傷状態を含め置かれる環境の不確かさや人的操作における不確かさが大きく、詳細な定量化は困難であるが、上記対策により定性的には放射性物質を外部に放出するリスクは確実に低くなったといえる。

以上より、津波の場合において、「事故」のリスクは1F事故後の対策により1／10以下に低減したと評価できる。また1F事故後に採られた対策は、津波以外の起因事象についても導入されており、津波だけではなく全体として「事故」の発生確率は低くなっているといえる。

1F事故後に採られたもう一つの大きな対策は、防災により「事故」が発生してもその影響を避難等により低減することである。

防災では、発電所からの距離で対応の仕方が異なり、事前に対応策を定め、日常の訓練を実行する（防災基本計画【参17】を参照）。この防災基本計画には、新たに原子力災害対策重点区域が導入された。**図2・6－4**に重点区域の考え方を示す【参18】。これらの区域は、緊急活動レベル（Emergency Action Level, EAL）及び運用上の介入レベル（Operational Intervention Level, OIL）といった指標を用いた意思決定により、避難や安定ヨウ素剤の予防服用等が行われる。これにより、放射線の有害な影響を受ける住民の低減が可能であり、前述の「事故」発生の低減対策も含め、原子力安全に対するリスクは1F事故後で大幅に低減されたといえる。

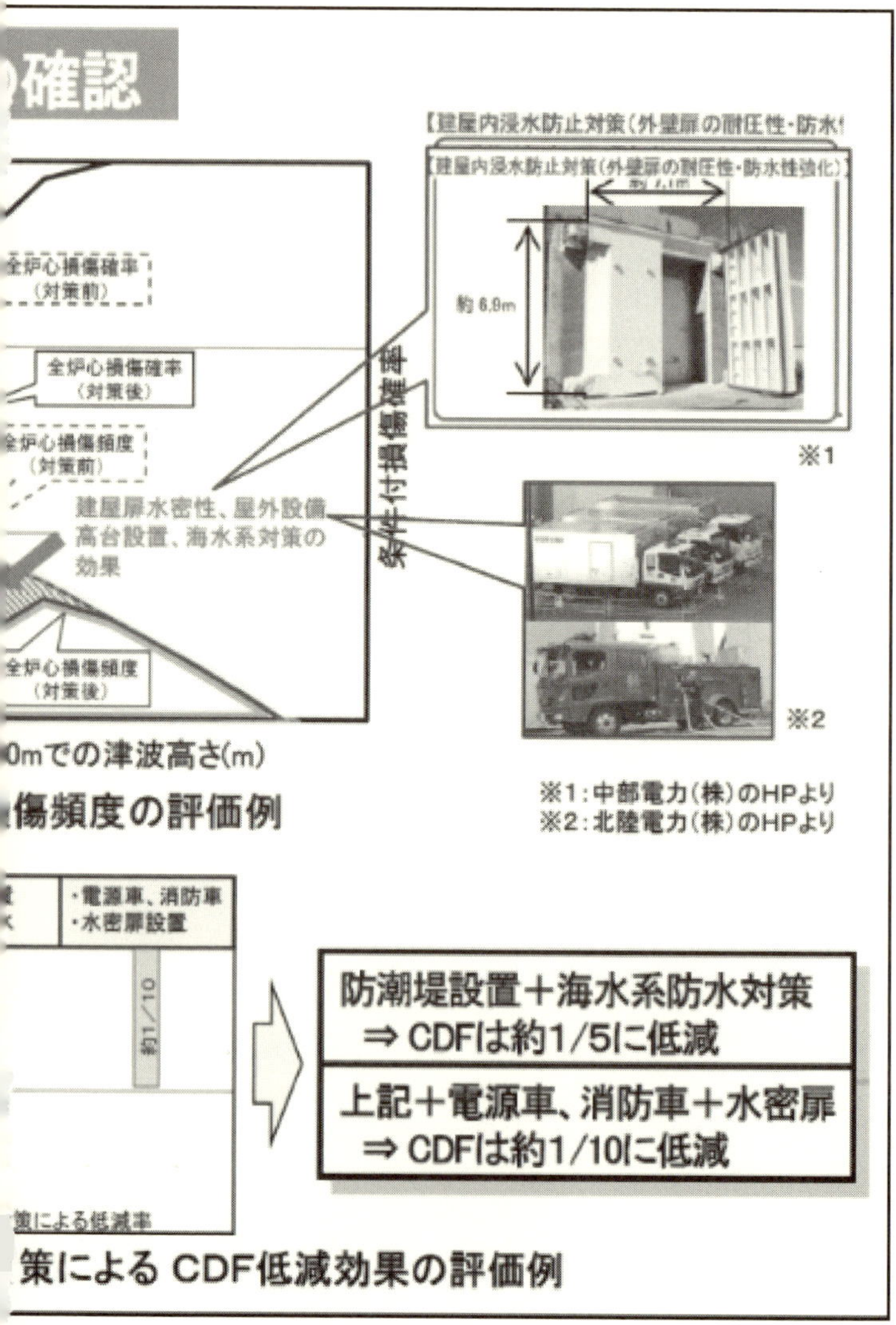

傷頻度の低減効果評価事例【参 17】

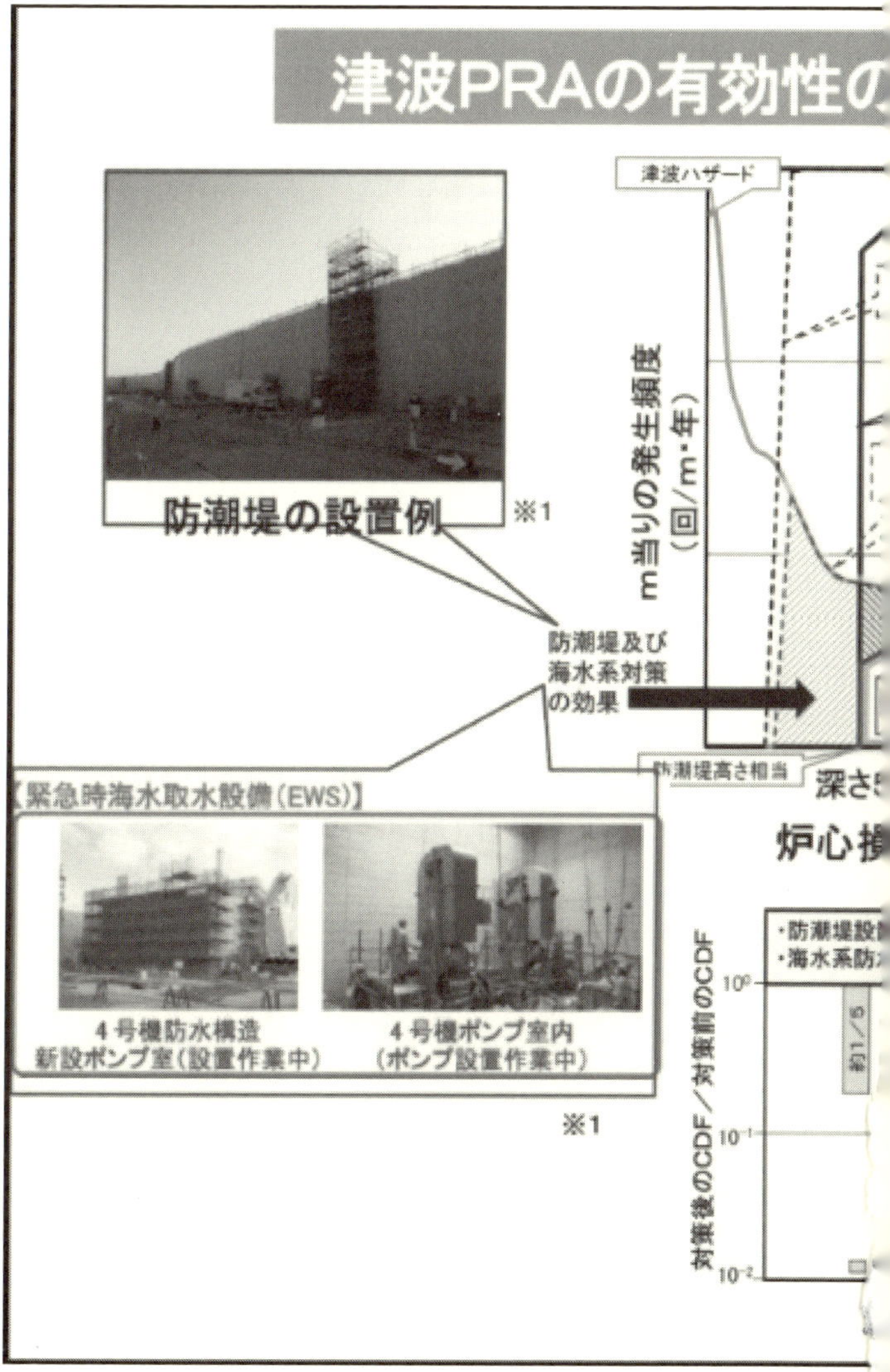

図 2.6-3　津波対策による炉心

PAZ，UPZ，PPAについて

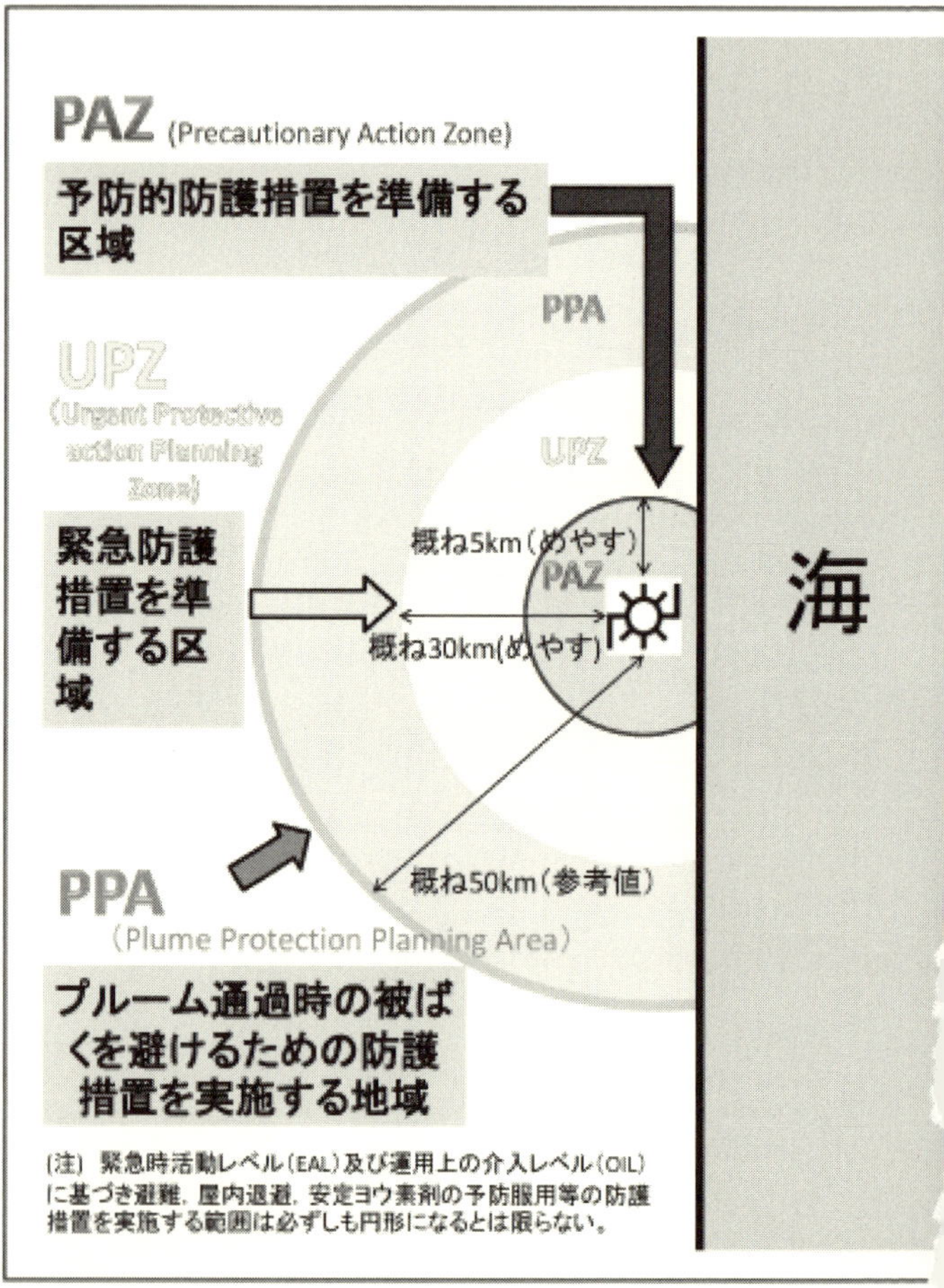

出典：原子力安全委員会

図 2.6-4　原子力災

予防的防護措置を準備する区域：概ね5km
（PAZ：Precautionary Action Zone）

急速に進展する事故を考慮し，重篤な確定的影響等を回避するため，緊急事態区分に基づき，直ちに避難を実施する等，放射性物質の環境への放出前の予防的防護措置（避難等）を準備する区域

緊急防護措置を準備する区域：概ね30km
（UPZ：Urgent Protective action Planning Zone）

国際基準等に従って，確率的影響を実行可能な限り回避するため，環境モニタリング等の結果を踏まえた運用上の介入レベル（OIL），緊急時活動レベル（EAL）等に基づき避難，屋内退避，安定ヨウ素剤の予防服用等を準備する区域

プルーム通過時の被ばくを避けるための防護措置を実施する地域：概ね50km（参考値）
（PPA：Plume Protection Planning Area）

放射性物質を含んだプルーム（気体状あるいは粒子状の物質を含んだ空気の一団）による被ばくの影響を避けるため，自宅への屋内退避等を中心とした防護措置を実施する地域

害対策重点区域【参18】

上記対策及びその効果をまとめたものを**図2・6－5**に示す。図に示すように、ハザード発生割合は事故の知見により増加したものの、事故後に採られた対策により少なくとも燃料が壊れる（炉心損傷）までで定量的に1／10までにリスクが低減したといえる。

なお**図2・6－5**に示した対策の考え方は、津波以外の事象に対しても有効であり、事故後の対策で発電所全体としては確実にリスク低減が図られたといえる。

(2)　原子力発電所における様々なリスク

(1)では原子力安全に対するリスクが1F事故前後でどの程度低減されてきたか考察してきた。ここではその他の観点（リスク要因）について考察する。

まず「リスクとは何か？」を考えてみたい。リスクはベネフィットと対で用いられる概念である。「リスク・ベネフィット」である。すなわち、目的とするベネフィットを得るためにとらなければならないのがリスクである。リスクとはベネフィットを得る行為により発生する事象によってもたらされる「可能性のある損失」である。ベネフィットは確実に得られるものであるが、リスクは損失の可能性であり、発生に不確実性が大きく、発生するかしないか分からないか、もしくは発生しにくいものである。一方、リスクへの対応―リスクヘッジ―としては、二つの方策がある。一つはリスク要因の発生を防ぐ方策を取ることであり、一つは発生したリスクを補てんすることである。

またISO31000【参6】の定義では、リスクとは「目的に対する不確かさの影響」と定義されている。それをもう少し詳しく説明すれば、″一般的に負の要因である「損失」を含めることが要件であり、

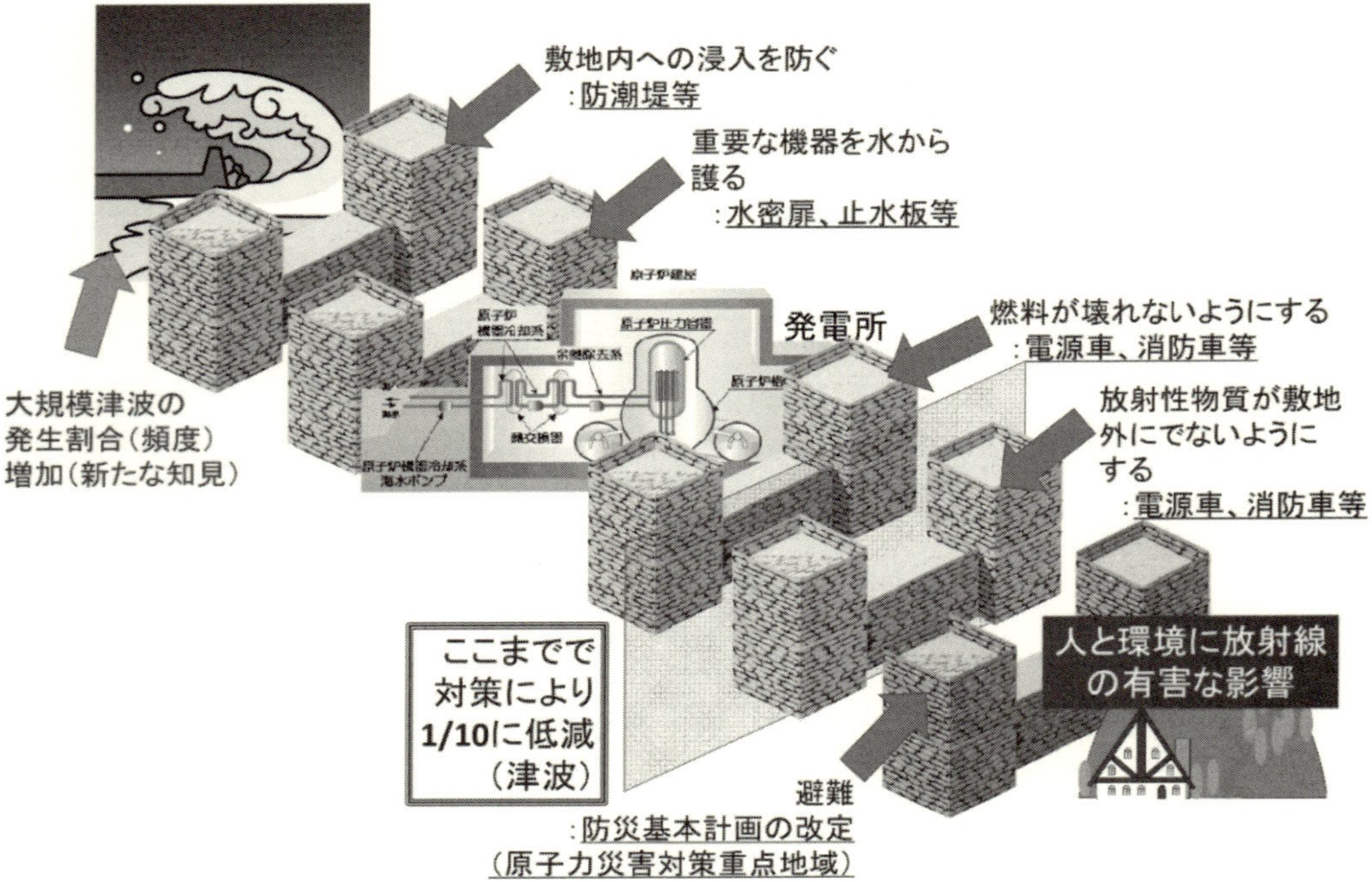

図 2.6-5　事故後の具体的な放射性物質の放出リスクへの対応

現時点より未来に、ある頻度で起こる可能性のある不確実性を伴った事象による影響の大きさ(損失)〟と考えることができる。１Ｆ事故前後のリスクの違いを考えるためには、原子力発電所における「目的」やどういった「不確かさ」があるのかを事前に把握する必要がある。

目的に対し様々なリスク要因があることは、原子力発電所に限ったことではなく、ごく一般的なことである。例えば「自家用車を所有する」という行為について考えてみる。自家用車を所有する目的は、「利便性のある生活をする」等があげられる。真っ先に浮かぶリスク要因としては、「交通事故」があげられる。交通事故を起こすあるいは交通事故に遭うことにより、苦しい生活となることはままあることであり、そのための保障として自動車保険の加入等を考える。次にあげられるのは「費用」であろう。ここでの費用は、ローン、ガソリン代や駐車場代等の維持費、故障時の修理費であり、支出に関しては修理費以外不確かさが小さいものの、収入面の不確かさと組み合わさって、車を所有する際のリスク要因となる。この他にも、車を所有、利用することでリスク要因として「環境破壊」もあげられる。

最終的に「自家用車を所有する」ことの判断は、どれか一つのリスク要因のみで判断するものではなく、様々なリスク要因及びそのリスク要因への対応（自動車保険等のリスクヘッジ）を組み合わせた上で判断される。（例えば、工学的な手段により交通事故発生リスクを限りなく小さくした車でも、費用が高ければ所有されないし、もともと大都市等公共交通機関の利便性が高い環境に住んでいる場合は目的そのものの存在が希薄となる。）

原子力発電所を運用する目的は、「エネルギーの安全保障（安定供給、価格の適正化等）の維持」

や最近では地球環境保全の切り札とも言われている。一方、第一義的にリスク要因は(1)で取り上げた「事故」となる。－放射性物質の放出による人への健康被害のリスク－

原子力安全を達成する上で、万が一「事故」が発生した場合における防災は、放射線の有害な影響から護る上で重要な役割りを果たす。ただし、防災時における避難活動は、活動に伴う交通事故等の新たなリスクを生じる可能性があることに留意すべきである。このリスクは原子力安全に対するリスクではなく、一般的な怪我や死亡に対するリスクであるとも言われるが、原子力事故に伴うリスクとして同等に扱うべきであるとの意見もある。

例えば、入院等自力避難が困難な要援護者については、予防的な避難を行うことにより、逆に健康リスクが高まる可能性がある。このような場合は、無理な避難を行わず、屋内退避を行うとともに適切に安定ヨウ素剤を服用することが合理的である【参19】。

また、原子力発電所における「事故」は、東日本大震災に見られるように、広域災害の結果として付随的にリスクが発生する可能性の方が高いと考えられ、避難時の情報や交通インフラの不全による混乱も含め避難に対するリスクを総合的に検討する必要がある。

当然ながら事故時における環境影響は大きく、「環境破壊」に対するリスクも重要であるが、その一方で、原子力発電所は発電中にCO_2を排出することがなく、通常運転時においては環境負荷に対してはプラスの効果を持つ側面も併せて考える必要がある。この他にも純国産エネルギーとしてエネルギーの安全保障に対し、自給率の向上というプラスの側面を持っている。（定義上、プラスの側面もリスクとなる。言い換えると、原子力発電所を選択しない場合にはマイナスとしてのリスクとなる）。

－環境への影響リスク－

同様に「費用」に対するリスクも重要である。具体的には、原子力発電所の運用や維持、防災にかかる費用、環境破壊に及んだ際の除染を含めた復旧費用等があげられる。また原子力発電を運用しない場合でも代替燃料の輸入費があり、いずれもエネルギーの安定供給や価格に影響を及ぼす。－経済的損失のリスク－

原子力発電所運用にかかる最終的な判断は、前述の自家用車の例で述べたように、上記にあげた様々なリスク要因を、総合的に議論し決定しなければならないことに注意すべきである。

(3)　まとめと今後の課題

原子力発電所の運用にあたっては様々なリスクが存在する。原子力安全の目的である、「人と環境を放射線の有害な影響から護る」に対するリスク（放射性物質の放出リスク）について、工学的な観点から1F事故前後での変化を検討した結果、少なくとも津波に関しては、対策によりそのリスクは1／10以下に低減がされるものと考えられる。また事故後の対策は津波以外の事象についても考慮されており、全体としての原子力安全に対するリスクは確実に低減したといえる。

その一方で、最終的な対策である原子力防災としての避難については、それを実施することで新たなリスクの発生も含め総合的に検討する必要があると考えられる。特に広域災害を伴った原子力防災については、合理的に実行可能で総合的にリスクを低減させるシステムについて、各ステークホルダー

（国や地方自治体も含めた行政、規制、電力事業者及び周辺住民）間でしっかりと議論しながら構築する必要がある。

これは、原子力発電所の運用にかかるその他のリスク要因についても同様である。ある側面からだけのリスクを考えるのみでは、全体としてのリスク最小化を図ることは難しい。原子力発電所運用にかかる種々のリスク要因について、各ステークホルダー間で議論し、社会的な合意形成を行うことが最も重要であると考えられる。

2・7 リスク情報活用にかかわる世界の動向

(1) 福島第一原子力発電所事故以前におけるリスク情報活用の動向

リスク情報活用の経緯と近年の動向について、OECD／NEA CSNI（原子力施設安全委員会）のリスク評価に関するワーキンググループ（WGRISK）が作成した加盟国におけるPSA（PRAと同じ）の開発と適用に関する報告書【参20】から米国における活用を中心に述べる。米国を中心とした理由は米国がPSA手法の開発と活用において世界をリードしており、各国がその方向で動いてきたためである。

—内的事象及び外的事象に関するIPE（Individual Plant Examination）の実施（1988-）
—リスク情報活用に関する政策声明（1995）
—リスク情報活用に関する様々な活用分野に対するガイドラインの発行

➤Ｔｅｃｈｓｐａｃｅ変更
➤ＩＳＩ
➤ＡＯＴ　など
－ＡＳＭＥ／ＡＮＳにおけるリスク評価手法標準の策定とエンドース
－原子炉監視プロセスにおける緩和系信頼性の監視と検査指摘事項の重要度付け

⑵　ＮＲＣの動向

米国原子力規制委員会（ＮＲＣ）は、一九八〇年代後半において、産業界にとって過度に負担となっている規制要件で安全上重要でないものは削除すべきであるとして、産業界も交えて検討を進め、規制の見直し方針として確率論的リスク評価（ＰＲＡ）技術の使用、パフォーマンスベースの規制の導入を示した。このＮＲＣによる規制の見直しに加え、大統領から規則の見直しを要求する書簡や命令が出される等、合理的な規制が求められていた。

一方、一九八〇年代、不適切な保守による計画外停止で稼働率が下がった原子力発電所が少なくなかった。ＮＲＣは保守分野での規制強化が必要であると認識し、一九九一年七月に新たな規則である10CFR50.65「原子力発電所の保守の有効性監視に関する要件」を公布した。この規則は、「パフォーマンスベースの規制」を導入しており、保守の対象となる設備を事業者自らが決定し、保守内容についても事業者自らの裁量で決定することを認めている。保守プログラムの妥当性は、設備又は発電所全体の運転実績により判断する。すなわち、保守が有効に行われているかどうかを、その実績を自らが定めるパフォーマンス基準との比較によって判断する。本規則は、設備のパフォーマンス基準を決定する際にＰＲＡから得られる情報を使い、運転実績からそのパフォーマンスを評価するというリスク情報の活用とパフォーマンスベースの規制がよく融合した規則となっている。一九九二年には、ＮＲＣはＰＲＡを体系的に使用してゆくことを決定した。この決定を踏まえ、ＮＲＣは、一九九五年にＰＲＡの活用政策声明書を作成・公表し、以下の趣旨の４項目の方針を示した。

・全ての原子力規制活動におけるＰＲＡ技術の利用促進

・ＰＲＡを利用して現在の規制において不要な保守性を排除すること、及び規制要件の提案の際におけるＰＲＡの利用

・ＰＲＡは可能な限り実態を反映しかつ実用的であること。

・ＮＲＣの安全目標及び性能目標は、ＰＲＡの不確実さを適切に考慮して使用すること

また、この政策声明書の公表に合わせ、ＮＲＣは規制活動においてＰＲＡ手法及び技術の利用を拡大するための実施計画を公表した。この実施計画に示された活動は、ＰＲＡを規制に適用するための判断基準の作成、特定の活用分野を対象としたパイロット申請とその審査、リスク情報を活用した申請のための規制指針の作成、ＰＲＡ標準の開発等の分野から構成されていた。

ＮＲＣのリスク情報を活用した申請のための規制指針の作成は、産業界との議論を踏まえ、事業者の自主的参加によるパイロットプログラムを通じて実施された。このような取り組みは、規制側にとってはリスク情報を活用した規制と従来の規制を統合していくための課題検討に、また規制ガイダンス類を作成していくことにメリットがあり、一方、産業界側にとっても他の事業者で同様な申請が

できるようになることや、パイロット申請を行った事業者が審査費用を免除されるといったメリットがあった。

これら規制指針は、炉心損傷頻度（ＣＤＦ）とその増分（ΔＣＤＦ）、及び早期大規模放出頻度（ＬＥＲＦ）とその増分（ΔＬＥＲＦ）を用いて許認可の変更申請の妥当性を判断するものであり、これまで多くの事業者からリスク情報を活用した許認可の変更申請がＮＲＣに提出され、承認されている。このように許認可の変更妥当性を、リスク情報を活用して判断することに加えて、ＮＲＣは、検査時の発見事項やプラント性能を表す指標（ＰＩ）の状態をリスク情報を活用して評価し、その結果に基づいて規制措置等を決定する原子炉監視プロセス（ＲＯＰ）を一九九九年から実施している。米国では、例えば以下に示す保守規則を規定したことに加え、その後の、原子炉監視プロセスといったパフォーマンスベースの規制の導入により規制の合理化が図られた。

①保守規則【規定】
・10CFR50.65「原子力発電所の保守の有効性監視に関する要件」
・Reg. Guide 1.160 Rev.2「原子力発電所の保守の有効性監視」
・Reg. Guide 1.182「保守活動実施前のリスク評価と管理」

②SSC 設備分類規則【規定】
・10CFR50.69「リスク情報を活用した構築物・系統・機器の分類及び取扱い」
・Reg. Guide 1.201「構築物・系統・機器の分類のためのガイドライン」

③水素制御規則【改定】

・10CFR50.44「可燃性ガス制御要件」

リスク情報を活用した認可変更申請に際しては、リスク情報をＮＲＣに提示する必要があり、その検討のベースとなるＰＲＡ自体が、その適用に関して十分な技術的品質を有していることが必要とされる。しかし米国の事業者のＰＲＡで考慮されている範囲や詳細さにはばらつきがあったため、ＮＲＣの働きかけからＡＳＭＥは、民間規格としてＰＲＡ標準を作成した。一方、産業界は、一九九〇年代後半以降、自主的な活動として米国原子力エネルギー協会（ＮＥＩ）の主導でＰＲＡのピアレビューを実施してきた。産業界は、二〇〇〇年にピアレビューのためのガイダンス（NEI-00-02）を作成し、ＮＲＣスタッフの審査を求めて提出した。ＮＲＣは、ガイダンスの審査結果を踏まえ、ピアレビューがＰＲＡの品質を確保する上で有用であると判断した。ＮＲＣは、ＡＳＭＥのＰＲＡ標準の作成やＮＥＩのピアレビューガイダンスの審査を通じて、これら民間規格をどのように規制で利用していくかという課題を検討し、二〇〇三年一二月に、ＰＲＡ品質の妥当性を評価するための規制指針として、Reg. Guide 1.200（試用版）を公表し、技術的に妥当と容認できるＰＲＡを規定し、その適合性を示す方法としてＡＳＭＥのＰＲＡ標準等を使用すること、ＰＲＡピアレビューを実施することとした。この規制指針によって、ＮＲＣは、個々のＰＲＡを詳細に審査することが規制リソースの観点から合理的ではないと考え、事業者にピアレビューを課し、その結果を審査するという合理的な規制プロセスを構築した。

(3) 福島第一原子力発電所事故以後におけるリスク情報活用の動向

前出のＷＧＲＩＳＫは議事概要を公開しており【参21、22】その中で各国の規制機関においてリスク評価に関連してなされている新たな活動について短い紹介がある。これらの報告やＮＥＡホームページにおける最近の国際会議等に関する情報を見ることにより各国がどのような課題に関心を寄せているかが窺える。

○　リスク評価に関する規制基準等の強化・拡充
各国で規制基準の強化やＰＲＡ実施手順の規格やガイドラインの拡充が進められている。

○　リスク評価対象分野の拡大
福島事故以後には、次の分野に関心が持たれ、各国でリスク評価が進められている。

－外的事象のリスク評価
✔地震、津波／洪水、厳しい気象条件など。
✔外部事象における人間信頼性の評価手法の検討
－使用済み燃料プールの安全性
✔外部事象との関連、燃料落下、原子炉の運転状態との関連など
✔米国はＢＷＲに関するリスク評価を行い、仮に、乾式貯蔵を導入してもリスクの低減効果は大きくないと結論したと報告している
まだ数は多くないが米国を中心にいくつかの国で次の分野のＰＲＡが進められている。

－多数基立地のリスク評価

－レベル３ＰＲＡ

○　研究開発

リスク評価の技術に関しては、上述の外的事象や使用済み燃料プールなどのリスク評価技術の開発に関心が持たれているが、それに加えて、従来からリスク評価の課題とされてきた分野について、リスクへの影響を確認する観点から、制御室へのディジタル技術の導入が人間による事故時対応の信頼性に及ぼす影響の評価などにも関心が寄せられている。

２・８　リスク評価の役割

原子力安全を確実にするためには、基本理念を策定し、目標とする「原子力安全とは何か」を明確にした上で、全ての原子力関係者（自治体を含む）がこれを共有して、それぞれの責務を果たすことが肝要である。そのための方策が、深層防護の考え方に基づく、原子力発電設備をはじめとする原子力設備の設計から運用、さらに想定を超えて事故に至る事態への対応と防災までを、リスク評価に基づくシステムとしての安全を確保する仕組みとして、それを構築し適用することである。

そこでは、設計建設、運用、規制、推進といった原子力関係者のみならず、それを支える学術界や防災を運用する地方自治体、さらに地域住民までを含めた関係者の理解と協力、協働によるリスクマネジメントへの参加は欠かせないものである。

わが国の原子力発電所は、一時全てが停止した。今回の事故を踏まえて、新たな安全規制の基準が定められ、それに基づく安全審査（適合審査）が行われ、適合していると認められたプラントは順次立ち上げ、再稼働が進んでいる。新たな安全規制の基準では、様々な設備が導入され、ハードとしては大きく充実したものとなった。わが国の原子力発電のハード、設備製造、設計建設の技術は世界有数のレベルであることは、世界が認めるところであるが、依然としてソフト面では、国民の理解を得るというコンセンサスやコミュニケーションという点を含めて、「原子力安全」に対する考え方は、国際社会における主導的な考え方、基準からはずれており、整備が必要である。

世界を視野に入れて、今こそ福島の教訓を生かし、「原子力安全」の確立への取組みを行うことが、世界一安全な原子力発電の実現を目指すわが国のなすべきことである。

東京電力福島第一原子力発電所の事故は日本だけの経験ではない。私たちがこの経験を生かすことが、世界が求める原子力発電の「原子力安全」を確保するために必要なことである。

既存の原子力発電所の稼働については、東電福島第一原子力発電所事故がもたらした影響に鑑みれば、設計基準事故を超える過酷事故領域である深層防護のレベル４への新たな継続的な対応が不可欠である。このためには、大規模な地震・津波の襲来に対する対策を確実なものとするとともに、他の要因によるレベル４の対策をそれぞれの発電所の設計、立地等の条件を考慮して、逐次、適切に充実させることを迅速に判断すべきものと考える。

また、どのような対策を採ろうとも、他産業と同様に原子力発電も絶対安全はなくリスクは存在する。上記の対応は、そのリスクを最小化するべきものであることを、原子力発電がもたらす便益とともに広く国民の理解を得るコミュニケーションは重要である。

3　原子力防災における地方自治体、市民とのリスクの共有

3・1　これまでの原子力防災の状況と福島での課題

わが国の緊急時対応システムはＴＭＩ事故以降、チェルノブイリ事故、阪神淡路大震災、ＪＣＯ臨界事故等の経験を踏まえ、順次改訂されてきたが、

1)　ＳＰＥＥＤＩやハード面の整備は図られてきたものの、具体的なそれらの運用の考え方が明確に示されなかった。

2)　オフサイトの防護活動の意思決定が計算予測システムに過度に依存していた。

3)　初動時点での方針はあるものの、一時移転等の長期的な防護措置にかかる判断基準や防護措置の解除の判断基準が示されていなかった（短期間で収束するものを想定し、福島のケースのように長期間にわたる対応を規定したことがなかった）。

環境への放射性物質の拡散及び汚染予測は相当に困難である。計算予測システムとしてはＳＰＥＥＤＩが存在するが、この予測システムはあくまでも放射性物質の時々刻々の放出量（ソースターム）を基に、風向、風速や降雨などの気象条件の予測値（気象庁発表）及び現地の自然条件（山、山脈等）を用いて放射性雲の拡散、汚染状況等を算出するものである。福島第一原子力発電所事故の場合、肝心のソースタームの情報が全く得られなかったため早期の予測は困難であった。従って、現実問題と

して初期避難をする際には、同心円ベースでの全方位避難で行うのが現実的と考えられる。この場合、風下への避難は避けるべきである。また、ＳＰＥＥＤＩを有効に活用するためには、ソースターム情報をはじめ様々の情報を如何に迅速に正確に伝えることができるかが課題となる。

水道水及び食物の汚染が当初想定よりも早期に出現した（最初の検出の際は移送の際の誤汚染を疑ったくらいであった）。福島の場合、かなり迅速に摂取制限等の対応が結果的にできた。一方外国での日本産農産物の過度な輸入禁止措置がとられた過剰反応されたケースもあった。早期かつ迅速に対応するための基準が必要であろう。

福島第一原子力発電所の事故時には、長期防護措置に対する備えがなかった。一時移転（計画的避難）の実施及び解除を判断する基準が必要である。また、汚染地域における住民の自助努力を促進するための公助のあり方について検討し、体制の整備が必要である。

レベル３ＰＳＡ手法による防護措置の被ばく低減効果の分析を行ったが、その概要として、

1)　大規模な放出が予想される場合には迅速な対応が必要である。原子力規制委員会は予防的防護措置を準備する区域ＰＡＺ（約５㎞）、緊急防護措置を準備しる区域ＵＰＺ（約30㎞）区分ごとに対応すべき措置をとりまとめた。

2)　管理放出の場合は、屋内退避と安定ヨウ素剤を組み合わせることで十分な被ばく低減効果が見込まれ、積極的な避難はあまり必要ないと考えられる。

以上について自治体担当以前に国の政策決定者がまだほとんどその内容を知らない。今後いろいろなやり方での働きかけが必要である。一部自治体担当者に説明をした際は、かなり関心・理解を得た。

原子力だけでなく、一般防災対策と合わせて、全体のレベルをあげていくことが必要であろう。

さらに、深層防護や性能目標の意味するところは緊急時対応の実際的な目標としては、「状況の制御の回復」、「現場での影響の防止・緩和」から始まり、「確定的健康影響の発生の防止」、「確率的健康影響の発生を実行可能な範囲で低減」があるが、さらに、「放射線以外の悪影響の実行可能な範囲での防止」「環境と資産を実行可能な範囲で保護」のような、具体的避難措置や防災措置を採る際に留意すべきリスク評価の観点（行動を採るリスクと採らないリスクを比較考量した検討）からの目標も掲げられている。

3・2　社会におけるリスク理解の現状

二〇一一年三月一一日の東日本大震災及び福島第一原子力発電所の事故以降、今後の中長期的エネルギー政策における原子力の位置づけについても、社会的コンセンサスが得られているとは言い難い。原子力技術に解決すべき課題が多々存在することは、福島第一原子力発電所事故以前から指摘されてきたが、事故後は「原子力施設は危険である」という主張がメディアや様々な場で目立っている。特に、最近は「リスク」がそのまま「危険」という概念でとらえられてきていることも一つの要因であろう。リスク理解を進める上では、難しい状況となっている。背後には、原子力エネルギーの利用を前提とする様々な価値観や信念体系　－例えば、社会の維持や生産性向上のためには無条件で安価で十分なエネルギー供給が必要、高度に専門的な技術課題は専門家集団が取り組み、その結果を国民に伝えることが妥当という考え方―　に対する強い抵抗感がある。特に情報技術の普及と共に人々の価値観に多様化が進み、様々な社会的課題において国民合意を形成することがより困難になっている。なかでも、安全問題は誰にとっても極めて重要な論点であることから、多様な主張が集中する代表的論点となっている。

福島第一原子力発電所事故以降は、原子力施設で発生する事故に対し潜んでいる多様な問題をより詳細に追求するようになった。これは、特に技術面において、多くの原子力先進国にも少なからぬ影響を与えることとなった。わが国では、技術的課題にとどまらず、原子力技術のマネジメント方策とそれを担う組織のあり方や規制のあり方、そして社会全体として原子力技術にどのように向かい合うべきかという課題に関しても国民の懸念が膨らむこととなった。「原子力と社会」の関係について、国民の理解が共有されるにはほど遠く、また科学技術の観点に限っても現時点で直面する課題から、長期的な課題まで、諸課題の解決の道筋は見極められておらず、その実情を重く受け止めねばならない。

今後のわが国の長期的なエネルギー政策の方向によらず、過去の「原子力と社会」の関係がなぜ適切でなかったのか、福島第一原子力発電所事故はなぜ防ぐことはできなかったのかなどについて謙虚に学び、今後に生かすことが肝要である。事故後の周辺地域除染や汚染物質処理・処分などの課題解決にも、原子力の専門的知見の深化と活用が欠かせない。

3・3 科学的理解を超えて判断が求められる時代のコミュニケーションのあり方

原子力に関わる課題は多様であり、課題相互の関わり方も複雑である。この多様さと複雑さが、原子力問題に対する科学的な取り組みを展開しようとする際の困難をもたらしている。原子力施設の安全問題や立地問題は、これまで長く原子力の専門家集団や一部のステークホルダーの間の討議を通じて政策化されてきたが、今や同じスキームでの課題解決は不可能になっている。福島第一原子力発電所の事故は、この専門家主導による問題解決スキームの実効性をさらに大きく低下させる結果をもたらしている。

一方で、福島第一原子力発電所における廃炉の実施や汚染水処理、退避を余儀なくされた周辺地域の除染問題、住民の健康問題などを考える場合には、科学技術の知識が必要な課題も山積している。しかしこのような問題の対応に際しても、専門家と市民の間の問題の捉え方の差異や解決策の受容性の隔たりが問題解決を困難にしている。科学技術の活用による取り組みの必要性と同時に、専門家集団による意思決定に対する多くの市民の違和感の存在が、現状の原子力関連の課題解決の困難さの背後要因の一つといえる。

この多様さと複雑さに対処するためには、これまで原子力に関する意思決定において用いられてきた専門家主導型の問題解決方式の限界を認識し、それを乗りこえる方策が求められる。現代社会における科学技術と社会の関係は、「トランス・サイエンス（Trans-science）」の時代として特徴づけられることが指摘される。〃「トランス・サイエンス」問題領域とは、科学によって問うことはできるが、科学によって答えることのできない問題群からなる領域〃といわれる。その意味は、巨大地震や津波により引き起こされる原子力事故等は、生起する可能性は一般的に非常に低いとしてもその推定値は大きな不確実さを伴い、万一生起した時は甚大な災害につながる。これは原子力発電所に限らない巨大人工構造物においては少なからぬ同様の課題を持っている。この問題に対しては、これに関する意思決定を専門家だけで行うことが不適当であるともいわれている。例えば、原子力専門家は原子力という技術領域に限っての専門家であり、その技術と社会の関係のあり方を考えるための専門知は、原子力技術に関する専門知の範囲を遥かに超えているからである。原子力に関する課題に向き合うには、これを認識して、提起される異議や懸念に対しても真摯に取り組むことである。

何事もそうであるが、事故が発生するとその分野の科学の信頼は薄れるものである。原子力事故が発生してしまい、原子力発電は「絶対安全」という風潮があったがために、原子力に関連する科学技術に対する信頼や、原子力に携わる科学者、技術者への信頼を喪失してしまったのであろう。市民からは原子力に関連する科学者は公平性を欠いていると受け取られ、結果として科学者に対する社会の信頼は大きく損なわれることとなった。

このように、トランス・サイエンスの時代という認識は広範な意味を含んでいる。専門家主導型の問題対応は既にほとんど破綻しているとする状況認識が最も重大な意味を持つ。この事態を超えて課題の解決を図ろうとするならば、非専門家が加わった〃市民参加型〃の枠組みの導入が必要であろう。市民参加の具体的な方式は多様である。しかし、討議を行う主体は専門家ではなく様々な意見を持つ市民であり、主な論点の設定も市民が行う。専門家は主役ではなく要請に応じて専門知識を提供する役目を担う。市民参加方式になじみの少ない専門家の中には、市民の参加した状態で意味のあるコミュニケーションや問題解決が可能なのかという声も少なくない。しかし、それでも市民参加の道を選ぶしかないこと、専門家には専門家故に避け難いバイアスを持つという指摘もある。この種の問題解決が専門家だけで独占的になされてはならないが、解決に際して専門知が重要な役割りを果たすことはいうまでもない。多様な専門家と市民の間のコミュニケーションを進めるための積極的な工夫が必要である。一方、市民参加方式の実施に際しては多くの課題が存在することが指摘されている。しかし、具体的テーマに対する実践を通じてそのような課題を解決し、コンセンサス形成を目指す努力がなされなければならない。専門家と市民が、市民参加のコミュニケーションにおける経験と学びを通じて、より良い方法を目指すことが求められる。

3・4　原子力に求められるコンセンサス形成としてのリスクコミュニケーション

多様な生活経験を持つ市民と科学者の対話は、しばしば異文化を持つコミュニティ間の対話にも類似した困難に直面する。

市民との対話の前に、あるいは並行して、科学者コミュニティの中でもこうした対話が試みられねばならない。人間や社会にとって科学技術はどのような意味があるのか、といった問いに対して答えるためには、人文・社会科学者の参画が必要であろう。今求められているのは、科学技術の社会的意義について自然科学者と人文・社会科学者との対話を始めることである。人文・社会科学者は、科学技術を自然科学者に任せきりにせず、また問題の後追い的な批判や分析にとどまらず、問題の端緒から蓄積してきた視点や考察を総動員して共に考えることである。

原子力の専門家の大多数は、リスクマネジメントにおいて、欧米の共通認識である市民参加の意義に関して関心が高くないようである。

リスクマネジメントの過程で必須とされる多段階的な市民との対話（コミュニケーション）の過程で、実際には安全問題を超える価値認識やそれに基づく信念体系が大きな論点となることも少なくない。価値認識は重要な規範であり、個人がそれぞれ異なった価値認識、信念体系を持つことを互いに否定することはできない。従って、リスクマネジメントに関わる「コミュニケーション」の過程で、価値認識に依存する論点と価値認識に関わらず共有されるべき論点を整理することが重要である。すなわちコンセンサスの形成である。中心的な論点になるのはやはり安全問題であり、いわゆるリスクコミュニケーションである。このような形で市民との密なリスクコミュニケーションと、それを基としたリスクマネジメントが、原子力に関わる安全問題を含めての諸課題の解決には必要である。原子力に関わる諸課題と向き合うには、このような認識が市民と科学者の間で共有されること、とりわけ科学者は歴史的に継承されてきた「専門知の持ち主が問題解決上の優位性、指導力を持つ」という立ち位置からの脱却が必要であることを理解する必要がある。

3・5　安全問題の考察

私たちは世界から孤立して生きていくことはできない。世界の一員であることを自覚しなければならない時代となっている。安全問題についても同じであり、労働安全では世界をリードするほどに仕組みも整ってきている。もちろん、航空機の安全確保における仕組みについては、世界は統一されたものが確立されているといえる。この世界においてさえ、最近では、科学技術では解決できない「トランス・サイエンス」といわれる、人・社会が責任を持って判断しなければならない安全に関する重大な事態が発生しているのである。それは、人にかかる安全問題の本質なのかもしれない。

長期の停止期間を経て、新基準に基づき安全確保がなされた原子力発電の再稼働が視野に入ってきており、新たな時代の幕開けとなるものといえる。

(1)　原子力発電における安全の変化

一般的に「原子力分野における安全」、「原子力技術の安全」と理解されている「原子力安全」は、明確な定義がなされているわけではない。従来、「原子力安全（Nuclear Safety）」という言葉には、広い概念である「原子力の安全」と半ば混同する形で使用されてきた。しかし、原子力事故を経験した私たちは、もっと明確に「原子力安全」を定義し、取り組みを行わなければならないと考える。これは前述のように「原子力分野における安全」、「原子力技術の安全」というような広義の産業活動における安全も含む概念というより、〃原子力特有の放射性物質という危険源からの安全〃という意味で定義されるものである。産業活動におけるこれ以外の一般的な危険源からの安全、労働安全などについては当然、産業界においても別の安全管理の枠組みの中で担保される。

「原子力安全」は、「安全・安心」が求められるというが、「安全・安心」は、日本生まれの情緒的で曖昧な概念であり、世界で統一的に定義された学問的な概念ではない。「安全」という概念は、学問分野で様々な使われ方をしており、それぞれの技術分野では客観的・定量的に表す努力がされている。例えば、航空機事故では、100万回のフライトで0.37回の事故の発生頻度で、自動車事故では事故での死亡確率として10^{-4}／年で、労災では100万労働時間当たりの死傷者数として度数率を与えるなど、安全確保の目標は業界により様々に工夫している。ここに示したものは、基本的には個人の死亡リスクを表し、目標とする安全のレベルとしては、そのリスクが低い、死亡の可能性が低いということを言い換えているものである。これは世界で共通の概念であり、共通の土俵で議論されている。

原子力の事故後、わが国で一般的に使われるようになった、安全と安心が一体となった「安全・安心」という表現は、グローバル・スタンダードではない。安心が科学技術として理解されることは難しいが、その一方、原子力事故の経験からは、「安心」を得ることが必要なことであるといわれる。ごまかしのない「安全」を適切に得るという作業を通じて、この取り組みに信頼を得ることが「安心」となるとすれば、私たちは真摯に、この「安全」を確保することに取り組んでいかなければならないし、また取り組んでいることを示すことが必要であろう。

本誌を通して、リスクについて考えれば一つの概念が見えてくる。

安全も安心も同じリスク概念の上にあるものであり、将来に起きる事故などにより受ける影響である死亡などの可能性を表すものである。しかし、安全は過去のデータを基にそれを求めるものであり、ある程度は客観的な見方で多くの科学者の共通的な結論が得られるが、安心は過去のデータがなく論理的な予測のみによりそれを求めるものであり、論理的な予測が信頼されるものであるか否かが大きな争点となることから、論理の信頼、それを説明する科学者を信頼するか否かが重要な論点となり、必ずしも多くの科学者が一致した結論は得られない。多くの市民が納得し、一致する結論を得ることはさらに難しい。そこに先に述べたような信仰の一つの表現ともいわれる所以がある（付録／参照）。

⑵　安全とリスク概念

世界では、安全の尺度として「リスク」を用いることがスタンダードとなってきている。それは、巨大複雑系の人工物の安全は、科学技術のみでは扱えない不明確な要素が大きく、トランスサイエンスとして、その評価には人の判断を取り込むことが求められ、その定量化に適切なリスクを尺度として用いられるのである。それが、考えられる全ての故障や不具合の要因を抽出し、発生するかしないかをデータや多数の専門家など人の判断で定量化する「リスク」の概念、リスクでの定量化である。難しいのは、このリスクの概念が、文化的な背景から日本人にはなかなか受け入れられないことである。それは、「安心」という信仰まで、リスクという数値で担保しようとするからではないだろうか。人の技術利用が巨大化、複雑化していく中で、それらの人工物の安全性を担保するには、〝危険対安全〟の対極的発想のみの科学技術による確定論的な判断ができなくなってきているのが現実である。このような技術、設備の安全を確保するためには、科学技術の上にそれらの持つ曖昧さを明確にして、それを定量化する「リスク」という、どの程度のことがどの程度起こり得ることなのか、確率論的な評価を提示した上で、人々がそれを受け入れるか否かを選択する発想を導入することが必要となってきている。必要なことは、「やる」、「やらない」の情緒的な選択ではなく、どちらの方法、手段を選択するかの判断、どの程度までやるかの判断を客観的に行うことであろう。

人文・社会系も含めた科学技術とも合わせて、〝開いた世界〟の中で、曖昧な問題である「原子力安全」を改めて議論していくことが重要なのである。

安全に関する大前提は、〝絶対安全〟は存在しないということである。許容可能なリスクは、その時代の社会の価値観に基づく様々な状況の下、受け入れられるリスクは定義されるため、安全目標には時代や社会が持つ価値観が入っているのが当然である。特に原子力安全においては、リスクは〝社会リスク〟であり、社会が受ける影響を、社会が受け入れるか否かを考えなければならない。一般には、事故により受ける被害は、発生した被害の責任を回避する場合には小さめに、発生するであろう責任を逃れようとする場合には大きめに想定してしまう傾向にある。被害の想定をいかに適切にできるかは、重大な課題となっている。そこに適切なリスク評価の技術が求められるのである。

リスクは一般に被害の大きさと起き得る可能性（頻度、確率）の積として現わされるが、可能性が小さくても、甚大な被害をもたらすものへの対応も考えなければならないというのが、今回の原子力事故の教訓である。

それでも、どこかの線で対応策を線引きして、〝対応しない〟、〝対応する必要がない〟と判断する線を引かなければならない。この場合においても、その根拠と残されたリスク－残留リスクを明らかにし、社会のコンセンサス－方向性の合意－を得なければならない。いかに確率が小さくても想定外が起きる確率はゼロではないということを自覚しながら、その判断の線を決めることが必要なのである。

3・6　異なるリスク認知への対応

リスクは事象影響の大きさや発生頻度から科学的に推定されるべきものであるが、受け手のリスク認知は一様ではない。すなわち、認知されるリスクの大きさは、事象の種類、報道内容、人の属性(性別、年齢、所得、病歴など)、思想や価値観に依存して変化する。こうしたリスク認知における個人差にも、十分な配慮がなされる必要がある。

人のリスク認知を偏らせる要因を認知バイアスという。人は、恐怖を感じる事態、未経験の事象、自分がコントロールできないことや他人に押し付けられたことには、リスクを大きく感じる。また、人は見たいと欲する現実しか見ようとしない性向があり、自分の中に一つの「見解」ができてしまうと、それに反する見解を無視したがることもある。この偏りは、同じ見解の人の集まりによって高まる傾向がある。一方、リスクを過小に見積もりたがる性向もある。大きな異変に対して、「大したことではない。普段、親しんだ方法によって解決できる。」と判断してしまうこともある。

リスクの大きさは報道によっても影響を受ける。報道において情報が公にされなければリスクは知られることがなく、人々の認知度は下がる。しかし、一旦情報が公になった時は、情報提供に制限を加えた組織への不信感は増大し、社会的にも大きな事件へと発展する。情報の隠蔽や制限は、リスクを低減する本質的解決にはならず、むしろ増大することになる。情報を積極的に開示することで、人々のリスクに対する理解を助ける必要がある。

リスクの認知は、メディアの報道の仕方によっても大きく変わる。リスクを過大に伝えれば、風評被害に見られるように被害が拡大することになる。科学者は、報道が偏ったり歪曲されたりしないように、報道関係者には科学的知見に基づいた正確なリスク情報を伝える努力が求められる。

これまでの国内のリスクコミュニケーションは、リスク情報の送り手が受け手へ警報メッセージを送るという性格を持つ、一方的な情報伝達であった。このような情報の伝達は、受け手が十分な納得を得るための条件を満たしているとはいえない。ステークホルダー間の意思疎通とコンセンサスを得るためには、リスクについての情報伝達だけでなく、リスクへの対処の仕方や安全を高める行動についても適切な知識を共有することが大切になる。市民を含めた関係者が相互に意見を交換し合い、改善に向けて目標を一つにするリスクコミュニケーションが求められている。

しかし、ステークホルダーが議論に積極的に加わる参加型には、物理的な限界があることも理解する必要がある。―〃コミュニケーションに参加できる人は国民の一部であって、国全体で方針を決めなければならない大きな課題については、数でだけでなく参加者の選出方法にも限界がある。また、主催者が決定済みの政策に許諾を得る過程の一つとして市民参加型の会合を形式的に開く、あるいは責任の分散を図るといった弊害もあり得る。逆に、市民側に特定の目的を持ったグループが乗り込み、市民という名の下に会合で議論に偏りを与えることもある。〃―　費用対効果も課題の一つで、参加型は多大な費用、手間と時間がかかる。〃市民参加型は両刃の剣である〃という事実を理解して、日本の社会構造、文化や行動規範に合った方法を検討していくことが必要になる。

3・7　社会における危険とリスクの認識の相違

世のなかには様々な脅威があり、私たちは多くの危険に晒されている。そんな中で、私たちは生きていくために、何らかのリスクを取っていかなければならない。当然ながら、そのリスクに対して十分な備え（リスクヘッジ）もしていかなければならない。

(1)　社会での「リスク」の使われ方

社会でも「リスク」と言う言葉が容易に使われるようになってきた。「浸水リスクを知りながら『購入希望者に伝えなかった』と訴えられた」と言うニュース記事にあるように、往々に「リスク」は「危険」という意味で用いられている。危険に会う、もしくは損をする可能性ということだが、浸水という損害を受ける可能性という意味であり、浸水による損害を与える可能性があることを住宅購入者に伝えなかった、ということで用いられている。

原子力、一般的に原子力発電で言われる「リスク」とは、どのように使われているのか。一般には「原子力の平和利用のリスク」と、新聞ニュースでは使われている。原子力発電のような平和利用において、もたらされる損害の可能性、という意味で使われているのであろうか。また、「作業員のがん死亡リスク」という記事もある。これは、まさに原子力のリスクそのものである。放射線による健康に与える悪い影響である。がんの発生であるので、最も悪い例として死亡という言葉が用いられたのである。「原子力発電所へのサイバー攻撃のリスク」という使い方は、サイバー攻撃による原子力発電所が受ける損害の可能性であろうか、それともサイバー攻撃による原子力発電が起こす事故による損害の可能性であろうか。

いずれの用い方も、曖昧である。説明をしないと正確には理解できない。単純に「危険」と言っているように思われる。原子力規制委員ですら、(今の組織は)「高速増殖炉のリスクへの認識が足りない。もんじゅを運転できる状態にない」と言う。ここでは、高速増殖炉が持つ「危険性」を認識して安全確保するという認識が足りない、と言っているのだろうか。

このように、「リスク」という言葉は、日常に使われるようになってきたが、あまりにも単純に、安易に、「危険」という意味で使われているようである。

(2)　原子力利用によるリスク

原子力分野の専門家の間で言われる「リスク」についても、もちろん全てが一致しているわけではない。これまでは、原子力施設の事故に伴い放出される放射性物質の拡散による住民に与える放射線により死亡する可能性、すなわち死亡者数とその確率、発生頻度を掛けた値、というのが、概ね一致した見方であった。他の事故、航空機の墜落事故や自動車の死亡事故、化学工場の爆発による死亡事故など、いずれも死亡者数とその発生頻度で表現されている、これと同じ目線でリスクを表せると考えていた。当事者にとっては、不慮の事故で死ぬことである。さらに多くの災害予測は、結果の積み上げとその要因の分類程度であった。自然現象の災害のように、それはハザード要因の原因とその結果の災害の大きさの関係を表すに過ぎない。

仕組みが異なるが、原理は同じものが、世界のほとんどの原子力発電設備である。過去の事故は、ＰＷＲのＴＭＩ事故、ソ連型原子炉のチェルノブイリ事故、ＢＷＲの今回の福島第一原子力発電所事故と、結果的に事故を起こした原子炉の型は分散した。炉型には関係なく、発生するのは原子力事故、原子力災害であることには変わりはない。原子力発電のリスク評価の大きな特徴は、様々なハザードの発生予測に対して、単純に事故の発生を予測するのではなく、様々に対策を施しても、将来に起きる事故のシナリオを様々に網羅して推定し、どんな事故が起き得るのかを想定して、発生する可能性の小さな原子力事故の、その可能性を推定することにある。それがリスクである。そのリスクに基づき、対策を採ることが求められる。

(3) 社会の視点でリスクを見る

専門家以外の人は、専門家がいうようなリスクを理解することはできない。しかし、人々のリスクの感じ方や人々の知識・情報は、リスクを評価したり、管理したりする上で役に立つ。

リスクの専門家は、リスクを「人の生命や健康、資産に望ましくない結果をもたらす可能性」と定義している。平たく言えば、それによって自分の将来に、死んだり大けがをしたり、大損をするのではないか、というようなことである。先に示したような「危険」そのものではない。しかし、このように原子力発電のリスク分析は発電所の事故分析が主流で、いわゆる原子力のリスクを取る住民側からの視点が大きく欠けているともいえる。

専門家は被害そのものよりも被害を与える確率に注目しがちであるが、一般に、人はもっとその被害の性質、どんな被害なのか、なぜそのような被害を受けることになったのか、に関心を持っているのである。死ぬことよりも、動けなくなるのではないかとか、生活ができなくなるのではないかとか、子供に影響がないかとか、そういう身近なことに関心を持ち、それをリスクと感じるのである。

さらに、一般には統計や科学的データを扱ったり、正確に理解したりすることが難しいため、感覚に訴える報道のされ方に影響を受けやすく、事故が起きると事故が起こりやすく感じ、滅多に起こらない事故ほど起こり難いと思い込む傾向がある。また、人工的なものには不安を感じ、子孫に影響を及ぼすのではないかと言われるものにも不安を感じる。科学的に十分に解明されていないと言われると、そうではないものに比べて危険を強く感じ、避けようとする。それらは全て感覚的なもので、正しく正確に　―リスクには不確実さが大きいとか、現象が分からない部分があるとか、またどれだけ対策してもリスクは残るなどと―　リスクを表現することがかえって不安を誘う結果となるのは皮肉なものである。こうした反応は、人が持つ本来的な〝思考傾向〟ともいえる。これを容易に変えることはできないが、努力し続けなければならないことともいえる。

社会リスクを考える時に、専門家のリスク評価と市民の感じ方のどちらが正しいかを議論することではない。重要なことは、共に向かう方向が、社会として正しくリスクを理解して、将来の選択を間違いなく行い、社会が受けるリスクを少なくすることであろう。専門家のリスク評価やリスク管理に関する知識は、重要であるが、一方、そこには社会の多くの人々が考える被害が含まれていなかったり、地域の情報が十分反映されていなかったりするかもしれないのであり、専門家は社会と向き合い、それらを真摯に受け止めることも必要なことである。

日本の仕組みでは、防災は地方自治体の役割りになっている。しかし、原子力災害の最大の特徴は、原子力発電所からの情報なしには、リスク要因である「危険」を察知することはできず、それに対する適切な対応も取れないことにある。災害要因の検知、そこに原子力発電所を運営する原子力事業者と地元の連携の重要さがある。それは行政の責任ではない。人々が置かれる状況をよく知って〝何をどのように伝えるべきか〟を、リスク源となり得る原子力発電所の責任者は、住民とともに事前に議論しておく必要がある。そこに、リスクの専門家の役割りがある。この対話の中で、原子力災害の特徴が理解され、行政や事業者、専門家への信頼が形成されて、適切な防災、リスクへの対応が形成されるものと考える。人々は、既に専門家や事業者・行政任せでは対応できないことをよく知っている。福島の教訓として、全ての関係者が手を携えてリスクに向き合って防災を議論する関係をつくることが求められる。

3・8　防災におけるリスク評価の取り組みの提案

(1)　はじめに

これまでの議論で、社会におけるリスク認知と対話としてのリスクコミュニケーションについて考えてきた。原子力発電における安全確保は、設計から立地、建設、運用、そして防災に至る全てのフェーズにおいて、原子力が持つ潜在的なリスクをいかに顕在化させないかは、すなわちどのフェーズにどのようなリスク低減策を採るかの、全体として効果的なバランスを考えたリスク低減策としなければならない。このような防災までを含めたトータルとしてのリスク低減とリスク評価の考え方は、これまでにはなく、初めての試みである。これまでは、原子力発電の事業を進める側からの専門家が考えるリスク評価とリスク低減策のバランスに専念してきたが、これからは、市民参加型のリスクマネジメントを進めることが求められるのであり、防災の領域にも同様にリスク概念を導入したリスク低減策の検討が必要と考える。リスク低減策を社会が策定することにより原子力安全の確保が見える形で、市民が見守るものとして確立されることが期待される。

⑵　一般災害とリスク評価

一般の災害における防災を考えるにあたってのリスク評価とは、住民のトータルの人的被害の可能性をリスクとして、最適化を図るものである。**図3・8－1**には、一般防災での、ハザードの要因となる社会が受ける脅威の例を示す。このハザード要因といわれる災害要因の発生から、災害としてのハザードの事態発生の見込み（一般にはハザードとして、ハザードマップが作成されている）、それによる住民の被災の想定、これがリスクである。

この時に、どのような防災措置をとれば、リスクがどのように変化するのか、これを適切にとらえて、防災計画を策定することが求められる。

リスク評価のステップは、以下のように考える。

1) ハザード要因である災害発生の要因事象を特定する災害、ハザードの元となる事象を決める
例えば、台風や地震、津波、竜巻、さらに山火事などがある。

2) 災害、ハザードとなる事態を分析する
例えば、台風では風による設備の破損や吹き飛ばされた機器による人の死亡や傷害などの被害がある。さらに、大量の雨による川の氾濫や高潮等による水没の被害がある。同様に、地震では、建屋や構築物の倒壊による被害、この他二次災害、例えばダムの決壊や山崩れによる様々な被害への展開も考えられる。

3) 上述の災害、ハザードの発生以前に被害となる事態を防ぐのが防災の第一の目標である
例えば、台風では、風による被害を防ぐための建屋の補強、事態が進展したなら被害の及ばない地下への避難、さらには強固な場所の確保などの対応がある。水に対しては、水没が予測された際の高い位置への避難として自宅での2階への避難や重大な事態への進展の前に高台地域への避難も考えられる。

このように事態の発生の前に、自宅での防災、避難による防災などの選択もある。また、事前の防災の重要な要素の一つに、訓練や演習があげられる。

4) 災害、ハザードの発生後の防災についての対応の第一歩
例えば台風では、川の水が氾濫した後の対応である。自宅での待機という選択、増水の中の避難、救援の要請など、様々な選択肢がある。これらの選択により、被害の結果は異なるものとなる。

ここで、**図3・8－2**に示すように、ハザードへの対応には、その定量化が必要である。図の縦軸がハザードを定量化した値を示し、時間とともに変化していることを把握する。危険と想定する量に対して、避難に要する時間などを想定した上で、決められた量により、避難の「待機」や「避難」を判断する。この判断は一律ではない。対象となる人、集団の環境などの条件により異なる。待機の段階で避難する場合も考えられる。この分析もリスク分析の一環として行うことが望ましい。

5）避難でのリスク分析

図3・8－3には、一般防災におけるリスク分析の流れを示す。これまで述べた、ハザード要因（脅威）から始まり、ハザードの定量化、待機、避難への流れから、避難の場合のリスク分析、リスク評価のポイント（破線枠内）を示している。

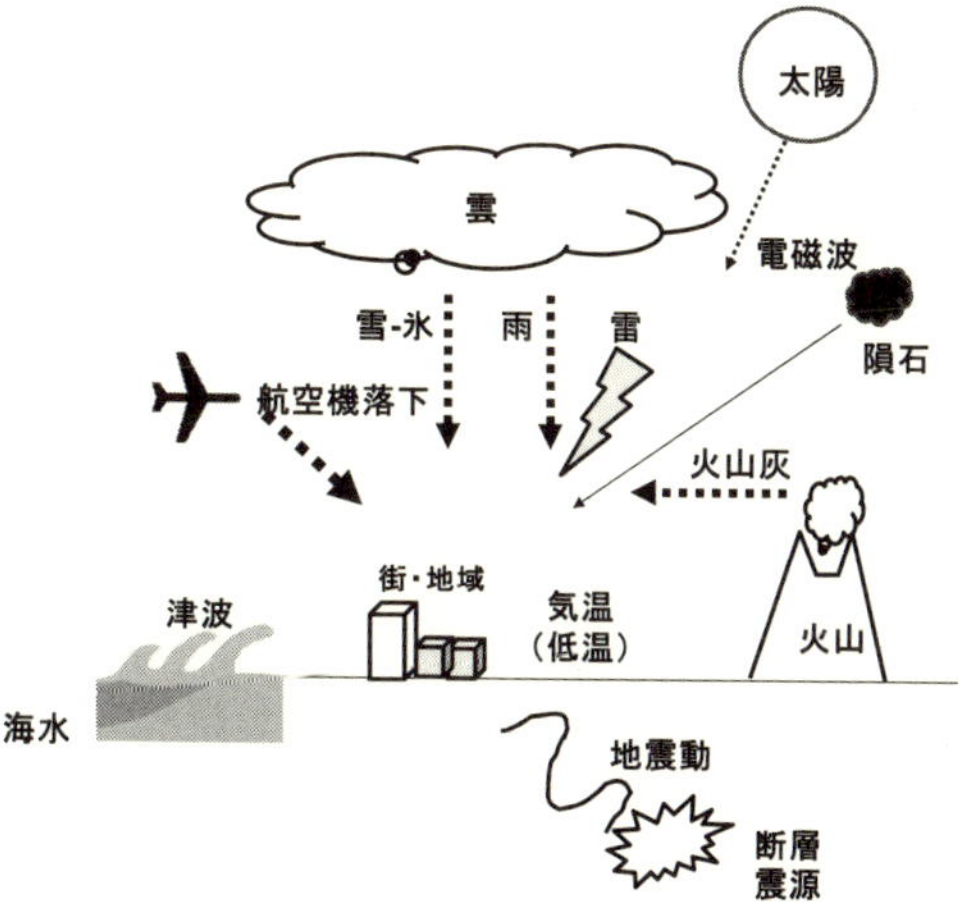

図 3.8-1　社会が受ける脅威の例

避難の判断がなされると、徒歩での避難、車などの避難の選択、避難のルート、経路の選択、などがなされて、安全な避難所に到達する。その過程では、道路や橋の状態、経路による経過時間、所要時間の相違などで、ハザードからの影響を受けることで、様々な危険にも遭う可能性もある。

ここで考えなければならないリスクは何か。様々な自然災害に対する個人のリスクを評価することが、目的ではない。地域全体として、人的被害をどれだけ小さくできるかを評価し、最適な防災策を考えることが目的であり、それを防災計画に生かすことである。地域での個人の動きを全体の動きの中で、どのように扱えば適切に全体のリスク評価に適用できるのか、研究課題でもある。－例えば、何種類かの、また何人かの動きを、条件に分別された集団として、どのように行動するのかを定めて、分析するものとするか、集団として扱うのか、個人個人の集合として扱うのか、評価の方法は今後、詰めていかなければならない。

(3) 原子力防災と一般防災の関連

原子力事故における防災、原子力防災においても、事態の進展や、リスク評価の手法には、一般防災との違いはないと考える。**図3・8－4**にそのリスク分析、リスク評価の全貌を示す。災害をもたらすハザードが、風や水没、というものから、放射性物質の拡散や落下というものとなる違いである。大きな相違は、一般の災害では、ハザードは目に見える事態が多いが、原子力事故では、放射性物質への対応というハザードは目には見えない事態ともいえる。この違いをリスク分析、リスク評価にどのように取り込むのかは、重要な課題である。

原子力事故のリスク評価では、発電所内の事故の進展評価においても、発電所外での対応においても同じであり、事態を何らかの方法でとらえることが重要となる。すなわち、**図３・８－２**に示したように、ハザードを把握するには、事態の変化、何らかの方法で何をとらえればよいか、事態の進展に伴うハザード要因を定量化してとらえられなければ、ハザードへの対応を適切に取ることができない、ということである。また、同時に、事故が進展し発電所からの放射性物質の放出する事態となるに至っても、放射性物質の放出をとらえられなければ、その事態になっていることは把握されず、事故発生後の防災の措置を取ることは、困難を極めることになる。方策はなくはないが、難しい課題でもある。

リスク評価は、このように事態が目には見え

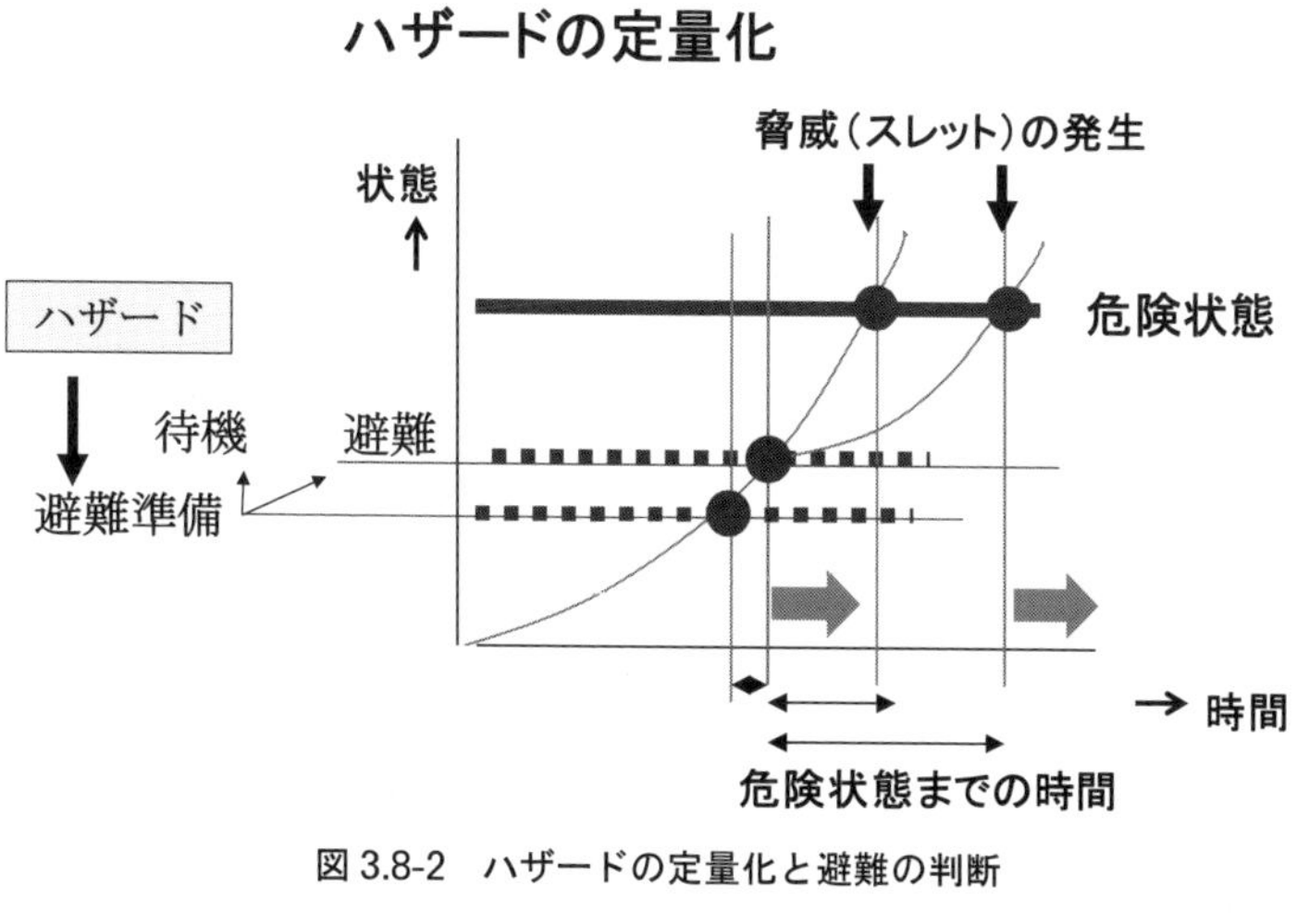

図 3.8-2　ハザードの定量化と避難の判断

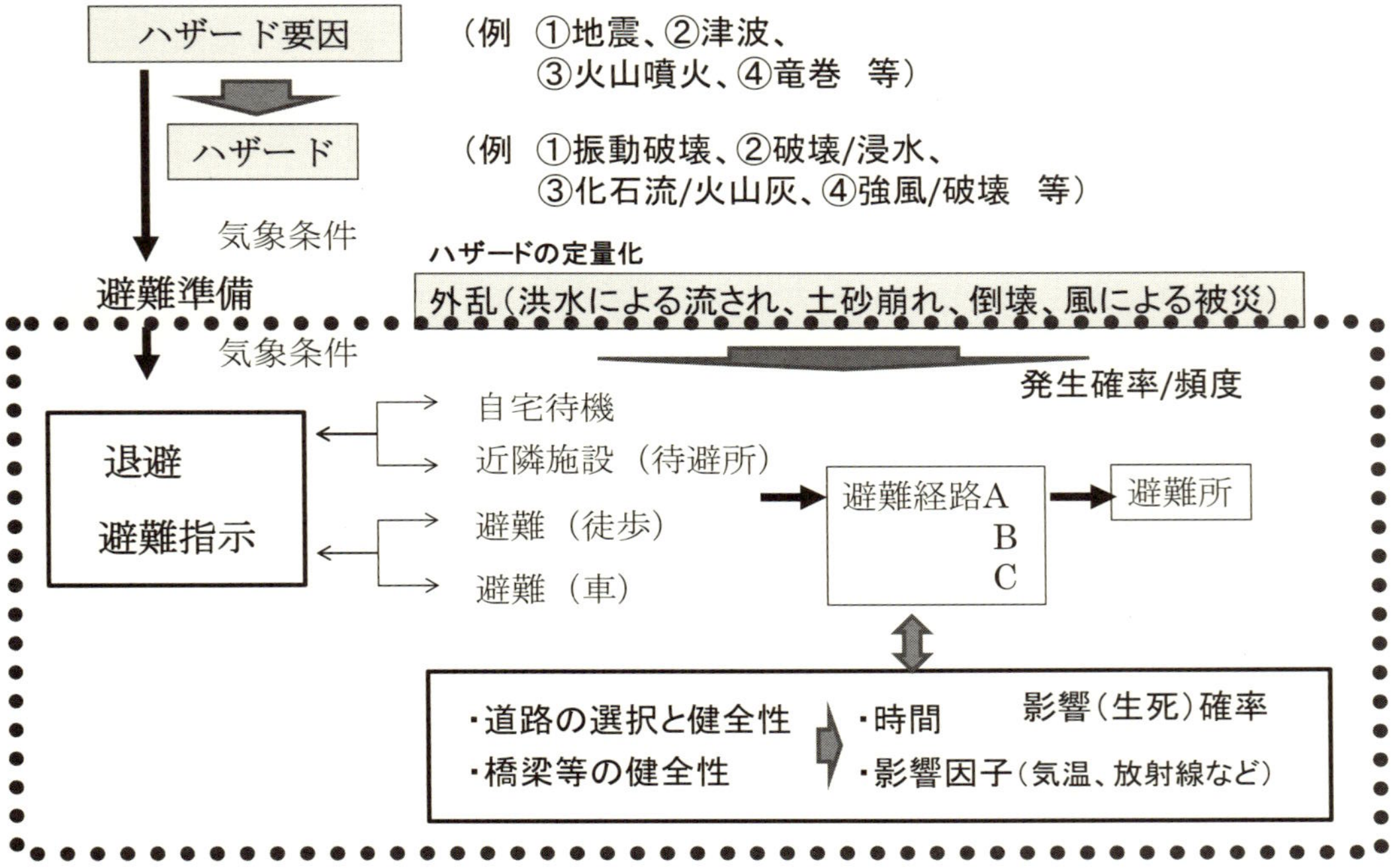

図 3.8-3 一般防災におけるハザードとリスク分析とリスク評価

ないことを前提に行わなければならない。

原子力防災でのリスク評価における事態の進展（シナリオ）と評価因子、発生確率の考え方を以下に例示する。（**図3・8－4**を参照）

1）原子力防災の開始以前の防災

常に準備しておくべきことは何か。原子力事故は突然発生するものではない。事故に至る前兆があり、事故への対処の準備段階がある。この準備段階の発信を事業者と防災組織の間で決めておく必要がある。

2）原子力防災の開始

原子力防災の開始は、「避難準備の指示」から始まる。これは、原子力災害対策特別措置法15条第1項の冷却機能喪失の発生の通報に基づく、緊急事態宣言の発令と原子力災害対策本部、現地本部の設置により対応が始まる。この場合、自然災害の種類や程度により、準備指示の内容が異なる。わが国の多くの自然災害は、地震、津波、台風などである。地震動による構造物の倒壊や道路の損壊などの条件が与えられる。津波においては、水の浸入による、危険の存在や橋を含めての道路の決壊、新たな津波の脅威もある。台風では、強風による影響は、原子力発電所への影響と時期が重なることは少ない。しかし、伴う大雨によっては、河川の氾濫やそれに伴う道路の寸断などの脅威がある。これらの脅威は、退避への影響の他、待機においても大きく影響する。

3）避難か待機かの選択

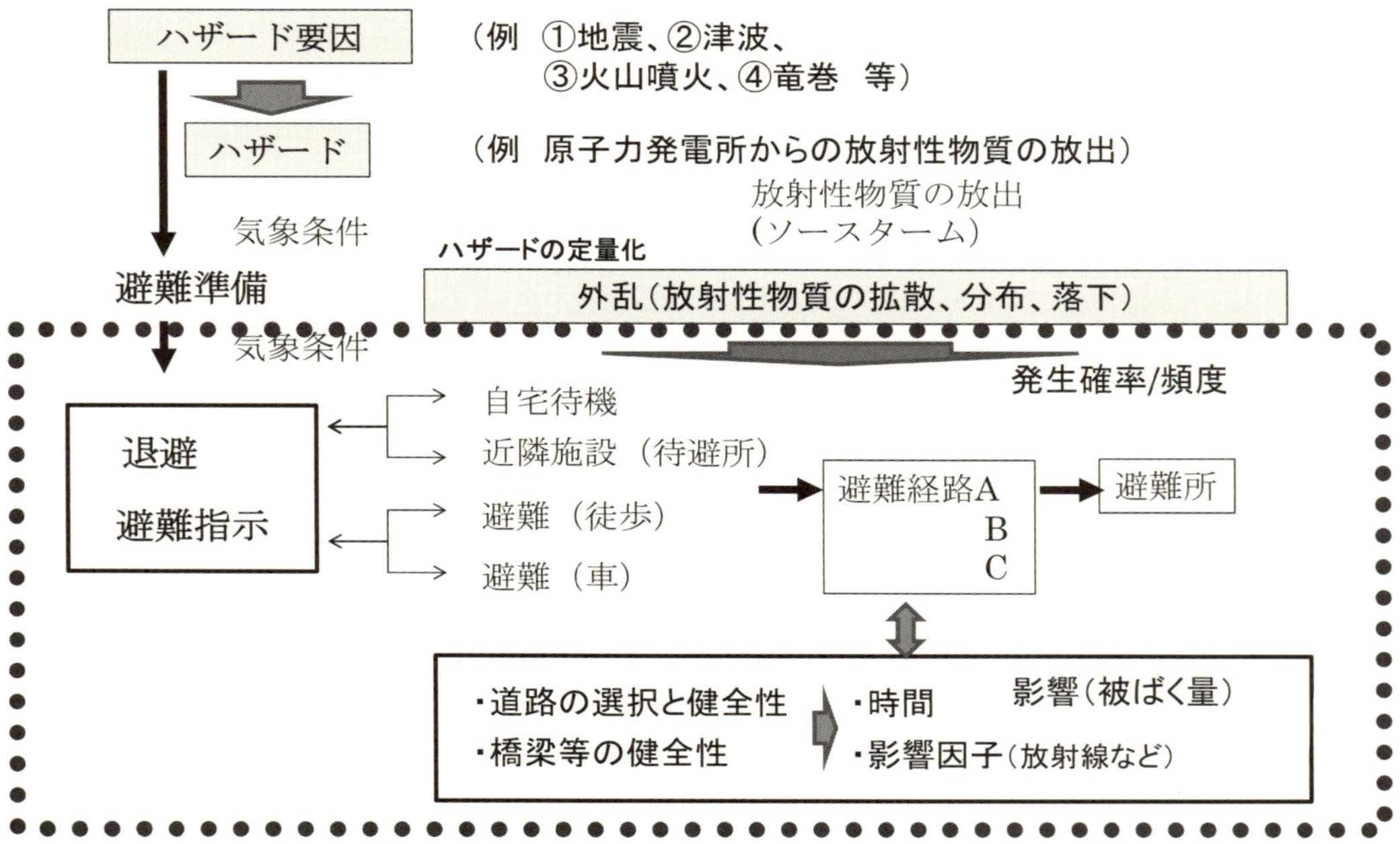

図 3.8-4 原子力防災におけるハザードとリスク評価

・待機の場合は、どのような待機形態とすべきかの検討が必要であり、今後の研究課題でもある。建屋や部屋の外気とのシール状態の設定や管理など、また個人で施設を準備するべきか、自治体、事業者で準備するべきか、総合的な検討が必要である。しかし、待機でのリスク評価は、条件を与えることは比較的容易であり、リスク情報を得やすい。

・避難の場合には、以下のシナリオの検討が必要である。

4）避難の開始とリスク評価のポイント

・避難の開始については、情報の伝達に課題がある。同時に、避難が開始されたのか避難ができたのか、避難の経過を実際に把握することは容易ではない。

・個人を対象としてリスク評価を行い、それを集合する手法と集団としていくつかの集まりに分解して、リスク評価を行い集合する手法がある。ここでは、リスク評価の事例として、個人としての避難を対象として検討する。

・目的地　（どこまで避難すればいいのか）・・・これにより被ばく時間が定まる。

・移動の手段の選択　（徒歩か車か）・・・徒歩の場合は、主に目的地に到着までの時間がリスクを決める。一方、自然災害の影響も長く受けることとなり、状況によってはリスクを高めることとなる。

・車での避難は、事態により道路の条件が異なり、自然災害との関係でこれを評価しなければならない。

・いずれにしても、どの経路を採るか、経路の選択が自然災害との関係で重要な要因となる。

・自然災害が、原子力発電所に事故をもたらすほどに影響を与える場合には、避難経路に対しても重大な影響を与えることになり、上記の検討を十分に行う必要がある。

5) 上記のリスク分析、リスク評価を行うことで、個人の最適な待機、避難の選択が提案できると同時に、地域全体の原子力発電の事故によるリスク低減のための最適な方策の検討が行える、

さらに、原子力災害の場合は、被災後の対応についても様々な事態への対応が求められる。経済的被害や風評被害、復興の時期や遅れなどである。それも、リスクと対策として、前段から考えておくことも重要な要素となりつつある。

これらも合わせて、具体的なリスク分析、リスク評価の手法については、今後の検討にゆだねる。

4　リスク評価に基づく設計・運用・防災による原子力安全

4・1　過酷事故防止の提言と対応

以下に示す、事故の経緯と課題の分析、その対応策の検討に関しては、平成二八年一月に発刊した第一分冊に詳細を示している。

(1)　事故の経緯と課題

平成二三年三月一一日東北地方太平洋沖に発生したプレート境界地震により未曾有の津波が東日本を襲ったが、全ての原子力発電所は計画通りに停止した。しかし、その後、東京電力福島第一原子力発電所では、主要な機器、設備のほぼ全てがその機能を失う事態となり、崩壊熱を有する炉心燃料の冷却ができなくなってしまった。それにより、燃料は損傷し、格納容器などの隔離機能も熱により喪失する事態となり、大量の放射性物質を大気、及び海洋に放出する事態となってしまった。

なぜそのような放射性物質を大量に放出する原子力事故が発生してしまったのか。その主要な要因は、津波の想定が不十分であったことであり、事故への展開を防止するアクシデントマネジメント（AM）策が不十分であったということである。その真の要因には、以下の4つの課題にまとめられる。一つは、災害要因となる自然現象の原子力発電所への脅威を広く考えてこなかったことである。地震以外にはほとんど手をつけてこなかったのである。二つ目には、新たに得られた知見の扱いを明確にしておらず、他分野の学会との連携も悪く、日進月歩の津波評価技術を適切に採り入れ、津波高さの見直しができていなかったのである。日本原子力発電株式会社東海第二発電所ではかろうじて防潮壁の工事が一部完成し、大事には至らなかったことは幸いであった。三つ目には、いわゆる安全系などの主要機器を支えるサポートシステムといわれる電源が安全系の機能を左右するほどに重要な役割を持っており、電源の停止で安全系の機能がほとんど全て失うことになってしまったのである。システムとしての機能評価が重要であることが分かった。四つ目は、対策が安全確保を何重にもした安全系の設備に頼っており、それらの機能を全て失う事態には、十分な対応の手立てを持っていなかったということである。すなわち、真に必要な深層防護の第四層（レベル４）のＡＭ策ができていなかったのである。

(2) 真因と対策の提言と実行

事故の真因をまとめると、第一に想定の不十分、第二に不十分なＡＭ策、第三に実効性がなかった防災体制、第四に役立たせ得なかった国際社会との交流である（国際社会の知見の採り入れ、特にリスク評価への取り組み）。これらを踏まえて、〃原子力発電所を預かる事業者の安全対応のみに任せてよかったのか、国、規制のやるべきことは何だったのか〃もう一度見直す必要があるとの結論に至ったのである。そこで、第一分冊において10項目の提言にまとめ、発信した。主要な提言は、提言１：想定外への対応を十分に行うこと

提言2：世界的に高く評価されるレベルの対策を実行すること
提言3：自らの責務を認識し、事故の防止・緩和策の具体化を図ること
提言4：リスクを共に考え対策に取り組むこと
である。これらの提言のうち、いくつかは新規制基準に採り入れられ、多くは実行されている。

(3)　残された課題、リスク評価の役割

福島第一原子力発電所以前の事故を見ても、必ず設計上の問題が現われ、それは避けられない状況である。さらに、人間のミスなど、人に関わる部分での事故要因や不具合要因も多く、欧米では、既にリスク評価に取り組み、想定外事象に対しての安全性の確保に生かしている。しかし、福島第一原子力発電所の事故では、この領域での対策の遅れが目立った。新規制基準の多くは、設計要因への対応で、ほとんどが設備の対策であり、ソフト面での対応では、十分な対策となってはいない。このリスク評価への取り組みは、欧米では、既にＴＭＩ以降、積極的に取り組み、様々な対策に生かしている。深層防護の観点から、安全確保は、設計での対応、運用での対応、防災での対応と独立した安全確保策がとられる。それぞれの安全確保策は、リスク評価で位置づけられ、それぞれが役割りを分担してリスクを効果的に下げる目的を果たす。

リスクとは、被害の大きさと発生の確率を掛けたものとして現わされるが、被害の大きさを何にするかは、それぞれの分野のリスクを同じ土俵で評価するには、評価の基準を同じものとしなければならない。これまでは、被害の大きさは死亡確率で現わしてきたが、それでは小さなリスクを適切に

現わせないと、環境の汚染ともいえる放出放射線量で現わす試みもある。今回の事故では、設計での事故の防止策も十分ではなく、運用、防災での対応もほとんどできていなかったが、放出量では10PBq程度が放出され、避難のまずさから、病人、年配者から200人程度の死者を出すこととなった（①）。適切な運用での防止策、防災での手立てができていれば、放出量は少なく、また避難での死亡者を出すことはなかったものといえる（②）。また、新たなリスクの目標を100TBqとすれば、それに見合った対応策をそれぞれの領域に施すことで、安全確保の実現は可能となる（③）。このように安全の確保は、全体として低いリスクを確保することであり、リスクを低く保つことである（①〜③）。（付録2参照）

第一分冊で報告した提言3、4で示したリスクへの取り組みは、ハード、設備に頼る事故の防止策だけではなく、リスク低減策を設計、運用、防災のそれぞれの領域で適切に施策を施すことにより成り立たせることが安全を確実にするために必要なことと言っているのである。ハードに頼り、絶対安全を確保するのではなく、運用での対応としてのソフト面での対応を含め、防災までを含めて安全を確保することを社会とともに考え、適切な方策を選択していく。そのコンセンサス、方向性の理解と納得を得た対応とすることが選択できる仕組みを構築しなければならない。その基盤がリスク評価である。

4・2　防災へのリスク分析・評価の適用

(1)　一般防災へのリスク評価の適用

社会には様々な脅威、ハザードがある。地震や津波、火山の噴火、台風による豪雨など様々ある。これらの脅威、ハザードに対して、どのように避難計画ができているのか、事態の進展とともに考えなければならない避難などの防災の流れの例を示す。ハザードによる脅威に対して、その指標を何にとるか、は一つの課題である。時間とともに変化する状況に対して、避難の準備や避難の決定を判断する指標を定める必要がある。時間との関係で、十分に退避、避難ができる時点で判断しなければならない。

避難の決定の後、避難の工程でどのようなハザード、脅威がもたらされるか、その予測と可能性を考える必要がある。事前に計画を立てる場合には、様々な選択肢のうち、どれを選択するかにより、最終的なリスク値が変わることを把握した上での、防災計画の立案を行う。防災計画は、避難することで終わるものではない。避難後の復旧や正常状態への回帰までをどのように進めるべきかの選択の判断にもリスク評価を適用することは可能である。

(2)　原子力防災でのリスク評価の適用

一般防災と同様に、リスク評価を原子力防災にどのように適用するか、を考える。原子力防災としてのハザードは、一般防災における、地震、津波、台風などに加えて、ハザード要因の一つとして原子力発電所からの放射性物質の放出がある。指標を定めて避難をするかの判断を行うことも可能であるが、現在は、発電所からの放出、もしくは国の判断による避難の指示と同時に、避難をするとされている。いつ避難を開始するかの起点が異なるだけであり、避難の経路、避難時の条件などにより受けるリスクが異なるが、その評価法は変わらない。

リスク評価を行うことにより、何をリスクと定義するか、受け入れられるリスクとは何か、どのようにすればリスクを下げることができるのか、など考えることにより適切な低減策を得ることができる。

原子力防災では、リスクを採る住民の地理的分布が広域になることから、社会リスクとしてどのように集約していくか、はこれからの課題であり、リスク値の活用の方法と合わせて、考えていかなければならない。

(3) 原子力発電所の視点でのリスク評価から社会と共に取り組むリスク評価に

これまでは、防災側から防災の領域にリスク評価を適用することはなく、原子力設備側からの一連の原子力安全評価（レベル３ＰＲＡ）として、公衆を全体でとらえて、放射線被ばく、健康被害を確率論的に評価してきたのみである。これからは、防災の具体的評価として、待機・退避の相違、避難における経路の違い、風向き、移動手段（マイカー、バス等）などを取り込み、どのようにリスクに違いをもたらすのかなどを評価し、防災の最適化に適用していかなければならない。

3・8節に具体的な防災へのリスク評価の適用方法を提案した。

原子力発電所も地域も、自然災害を同様に受ける。その結果、原子力災害も複合的に発生する可能性もあり、地域社会は、これを複合事象として考えなければならない。これまで見てきた原子力発電所からのリスク評価は、炉心損傷頻度（CDF）、格納容器破損頻度（CFF）に注力して取り組まれてきた。

レベル3PRAとしては、主に事故の影響のみを評価してきた。結果として、高い安全性が確保されることを言ってきた。しかし、原子力発電所の事故によるリスクは、最後は地域社会、広域社会が共に採らなければならない。その意味で、事故進展に重点を置いた原子力発電所の視点からの安全確保だけにとどめるのではなく、住民目線での採るべきリスクとは何か、それがどの程度のものか、などを含めて、防災までを考えたリスク評価に取り組み、総合して原子力安全を確保する取り組みとして行かなければならない。(付録3参照)

4・3　防災までを共に考える原子力安全

ハザード要因が複雑になってきており、様々な自然現象や人為事象を総合してリスクを考え、リスクを低減する方策を採っていくことが、原子力安全の確保につながると考える。これまで、原子力界が取り組んできたリスク評価は、原子力発電所の設備の安全確保が中心であり、いかに放射性物質の放出を避けるかに力点が置かれ、防災の領域は止むを得ない場合の対応として、万一事故が発生した場合には、単に逃げればよいという考え方が主体であった。そのような事態になることは基本的にはないと考え、レベル3PRAとして制限値以下に被害を納めることを確認することに止まっていた。すなわち原子力発電所の敷地境界での住民の人的被害が規定以下に保たれていればよいと考えており、防災の具体策にまでは踏み込むものではなかった。福島第一の事故は、住民目線での原子力安全と防災を考えることが必要であり、何がリスクなのか、社会として共に考えることが必要であることを示した。その上で、誰が責任を持って、どのようにこれを実現していくべきかがこれからの重大な課題である。

防災の領域のリスク評価は3・8節に示した。それを含めて、設計から、運用、防災までを通して原子力安全を脅かすリスクを考え、低減することが必要である。

原子力利用におけるリスク評価とは、リスクとは何か、シナリオをどのように考えるか、リスク評価をどのように使うのかなどの諸点を明確にして取り組むことである。**図4・3－1**にその概念を示す。横軸には被害の大きさを低減すること、縦軸にはその発生頻度、発生の可能性を低くすることを示している。設計段階でのリスク低減は設計による設備の安定運転の確保であり、運用段階でのリスク低減はマネジメントによる事態の収束、すなわち設計基準を超えた事故に至る事態に対応することである。さらにこれに、防災による被災の低減（減災）が加わり、原子力安全、原子力事故によるリ

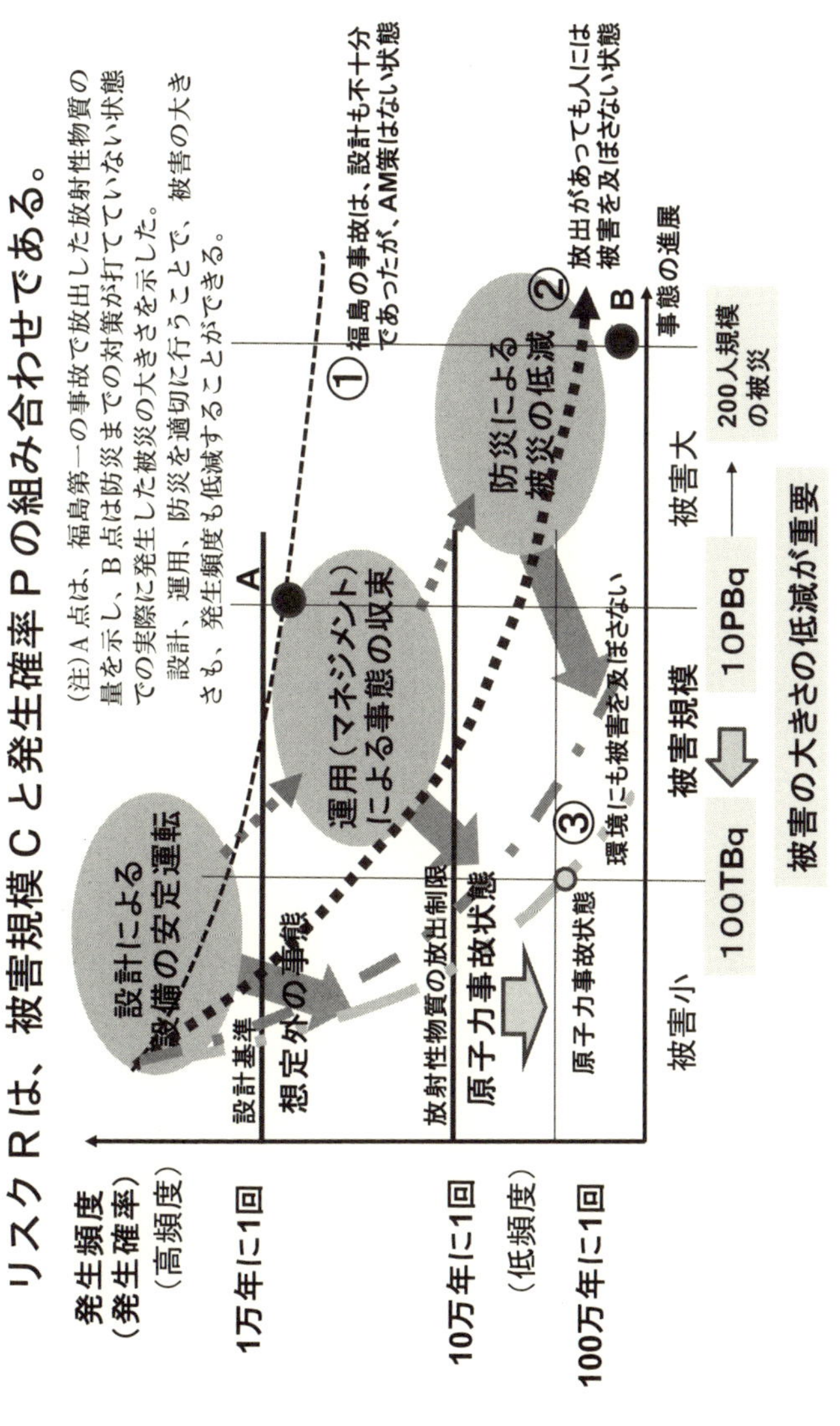

図 4.3-1　トータルのリスク評価による安全確保

スク低減が図れる、ということを示している。すなわち、これらの作業には、原子力の専門家やリスクの専門家ばかりではなく、メーカーや電力事業者、地方自治体、規制のステークホルダーに、地域住民や一般社会の人々も加わり、社会全体としてのリスクマネジメントに取り組むことが必要となる。

それを結ぶのがリスク評価である。

それにより、より効果的に原子力安全の確保、リスクの低減が実現できるものと考える。

4・4　まとめ―リスク評価がなぜ重要なのか

リスク評価の重要性を理解し、社会に受け入れてもらうための方策を議論してきた。原子力界そのものにも、まだまだリスク評価の重要性を理解されない人たちや集団がある。

リスク評価はなぜ重要なのか。

それは、多くのシナリオを採り込むことで、知らないことを少なくして想定外を少なくすることに役立つものと考える。設計から、運用、そして防災までをリスク評価で、判断を共通化し、定量的なリスク値を与えることで、重要な判断も客観的に行えるようになる。結果、適切な安全確保策の策定が可能となる。防災にリスクを採り込むことで、社会との対話を可能とし、リスク評価の結果、安全目標の設定、不確実さ、分からないことをとらえること、などができ、判断の位置づけが原子力分野の専門家と社会とで共有される。何がリスクなのか、どのようにリスクを低減するか、社会と共に考え取り組むことが有用なものとなる。

原子力発電所の様々なリスク要因に対するリスク評価への取り組みは、既に始まっている。ここに述べた防災へのリスク評価の適用の取り組みが始まれば、設計、すなわち物作りから、運用、防災までの一貫したリスク評価への取り組みが形成され、分野間をまたぐ議論や連携がなされる。それによりどこを重点的に取り組むべきか把握でき、効果的で適切な安全確保ができるものと考える。リスク評価を行える人材の育成とリスクへのリテラシーの醸成が求められる。

おわりに

原子力安全は、設計から、建設、運転、運用、発電所内の様々な安全確保策の着実な実施と、想定を超えた事態への対応を行う準備を万全とするのみならず、（発電所外での）防災と連携した安全確保策を採ることも重要な取り組みである。

原子力の利用は、リスクへの対策があって、初めて安心した運用の取り組みができるものである。安全はほぼ設計と日常の着実な運用で確保されるが、想定を超えることはいつ起きるか分からないものであることを前提に、発電所での異常時の対応の訓練や、地域での待避、避難の計画や対策などを理解しておくことで、いざと言う時に有用な働きをする。これが安心をもたらし、冷静な対応をもたらすことは、より安全な活動を生む。発電所は、社会と共にリスクに取り組む姿勢を持ち、より高い安全を求める姿勢を持つことが必要である。

提言

1．原子力安全は、住民を護る、社会を護るものである。従ってリスクマネジメントには住民、社会が参加し協議する。

原子力安全は、住民、社会を護るためのものであり、リスク目標を定め、リスク評価を受け入れるのも、住民、社会である。原子力安全は、設計、運用、防災の連携で成り立つものである。住民、社会の参加の下で、達成するリスクを定め、評価する仕組みを構築することが必須である。

2．深層防護に基づく安全確保を基本とする。

施設をつくり、その保全を行うにあたってはその要求に基づき十分に安全を確保する設計を行い、施設の運用を行うにあたっては要求を超える事態への対応、常により多くの様々な事態を想定した安全を確保するためのマネジメント（AM：アクシデントマネジメント）を行い、直接住民を護るにあたっては事前の計画と地域や施設との連携を密にして必要な手当て（防災・減災）を十分に行う、これらを総合的に取り組む仕組みを構築することを求める。

3．全体を一貫する安全評価指標としてリスク評価を用いる。

それぞれの役割りを持つ組織は、設計におけるリスク評価、運用（AM）におけるリスク評価、防災・減災におけるリスク評価をそれぞれ行うと同時に、全体を一貫するリスク・マネジメントを進める。

付録1　リスクの考え方と安全と安心の違い

原子力安全はリスクへの対応を様々に採ることで確保される。福島第一の事故以来、安全と安心の違いが指摘される。次頁の図に示すリスク図（死者数で現わされる「影響」の規模とその発生「頻度」の関係。**付録図1－1**）における様々な災害のリスクを見ると、安全の領域で示されるような災害は、過去の事故のデータを基にしてリスクを表している一方、安心の領域の災害は、ほとんど発生しない頻度の極めて小さいものであることから、将来の発生の予測は論理的なものに依存しているものである。従って、この安心の領域の事故の推定は、リスク計算を行う科学者、技術者の力量や科学的能力を信頼するか否かにより、安心の度合いが異なると言える。強いて言えば、これを説明する人を信頼するか否かによるものである。このように安全と安心は、結局同じリスクという土俵での将来の受ける損益の予想であるのは同じであるが、多くの人の共有する情報に基づいているか、専門家の技術力に基づくものであるかであり、信頼しやすいかし難いかの相違である。

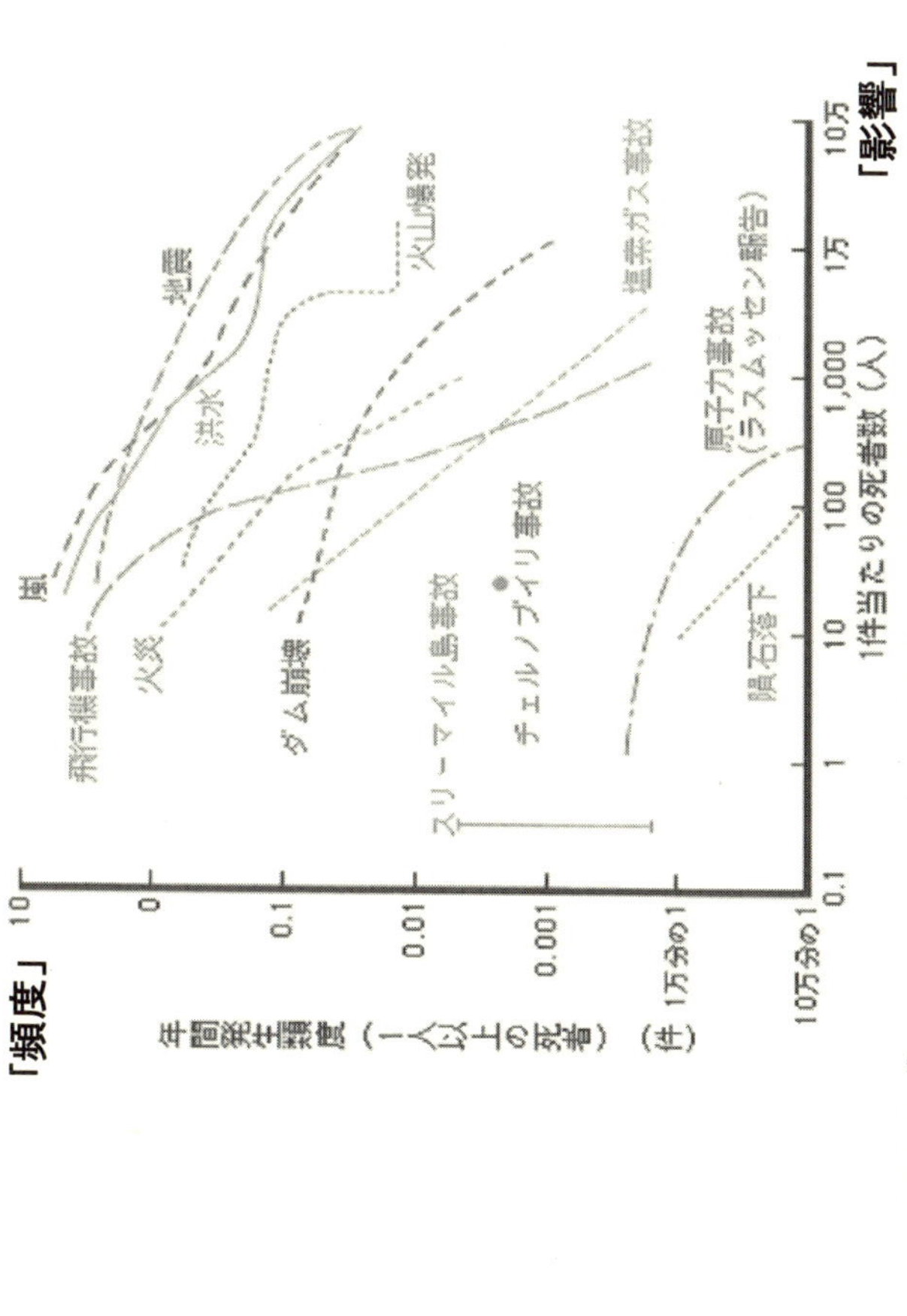

J.H.FREMLIN,「Power Production ~WHAT ARE THE RISKS?」Oxford University Press(1987)

付録図 1-1　世界の大規模災害の規模と発生頻度と安全・安心の考え

付録2　リスクと深層防護

リスクを受け入れるか否かは、事故により発生する影響の大きさを考えることが、最も重要なのである。社会は、この大きさが受容できるか否かを考えている。**付録図2－1**は、深層防護とリスクの関係を示したものである。横軸が事故に至った場合の影響の大きさを表し、縦軸がその事象の発生頻度を表す。設計ものつくりでは頻度が高い領域に対して事故に至ることがないように設計基準を与えてリスクを小さくするようにする。それを超える場合には運用で、同様にリスク低減を図る。さらに、それでも事故に至る場合も考えられ、それに対しては防災で住民自らがリスクを下げるように避難等の対応を採る。

福島第一の事故ではどうだったのだろうか。**付録図2－2**のように大きなリスクを持った状態（津波基準が不適当であった）であるところに、運用の対応も防災の対応もできておらず、大きな被害をもたらしてしまった。

適切に基準を設定すれば、設計において被害規模を含めてリスクは小さくなる。それに、適切な運用を施し、例え事故状態となる事態となっても、防災により被害は最小限にとどめることが可能となる。

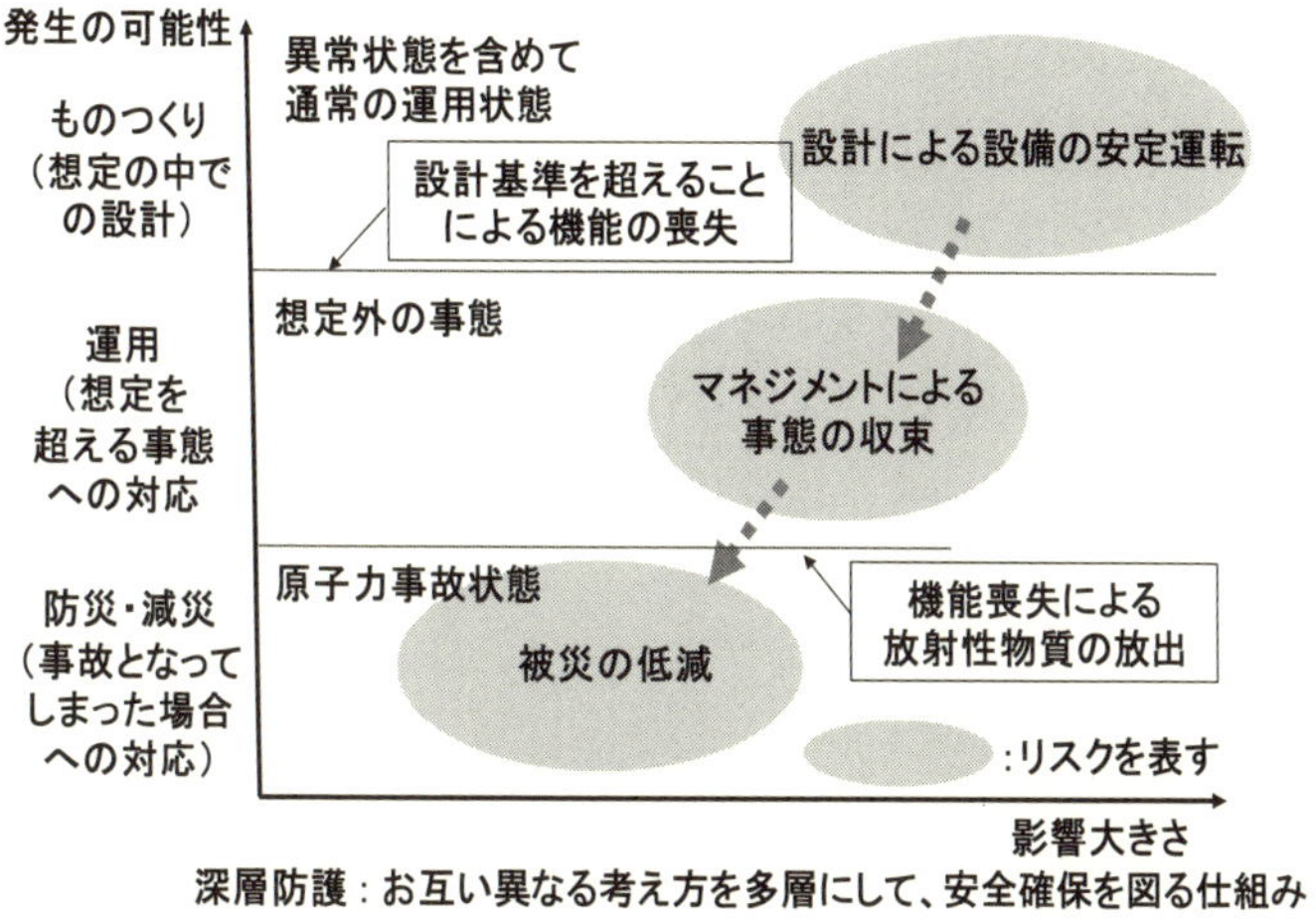

付録図 2-1　リスク（影響と発生の可能性）における低減策の連携

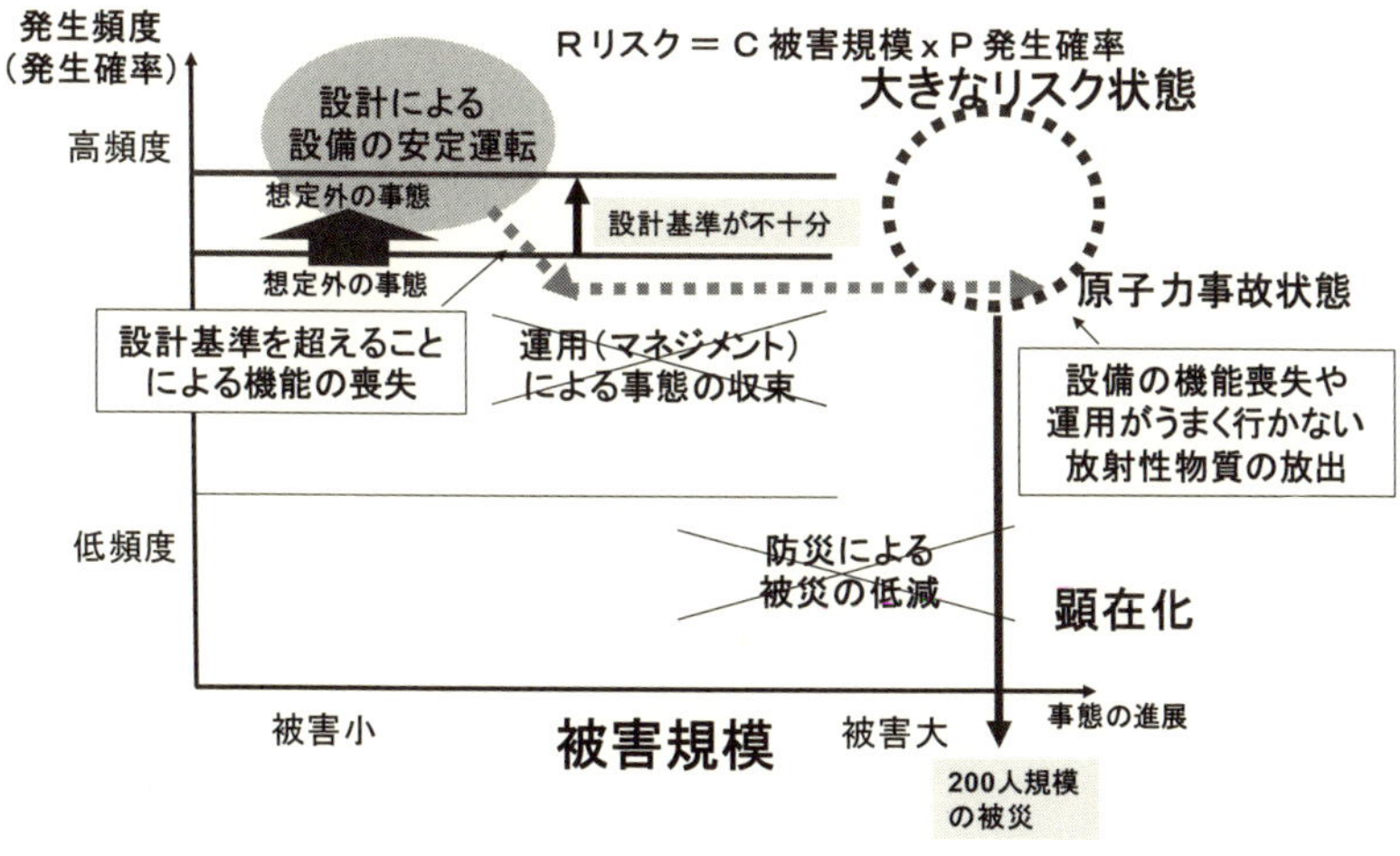

付録図 2-2　福島第一原子力発電所事故でのリスクの顕在化

付録3　リスクとリスク低減の実態

次頁の図は原子力発電所のリスクが事態の進展に伴いどのように変化していくのかを示し、様々なリスク低減策がどのように効果を現わすのかを示したものである①。設計基準を超えると炉心損傷事故が発生する可能性の領域に入る。

事態が進展すると格納容器損傷の領域に入る。さらに、著しい損傷により、放射性物質が大量に放出される事態となる。これがシナリオである。これに対して個別のリスク低減策を見てみる。

対策A対策Bは、炉心損傷の頻度を減らす策である。

対策Cは格納容器損傷の頻度を低減する策である。

このように策により、どの領域の頻度を低減するのかが異なる②。これらを適切に組み合わせることにより、全体としてバランスよく効果的なリスク低減策を施すことができる③。

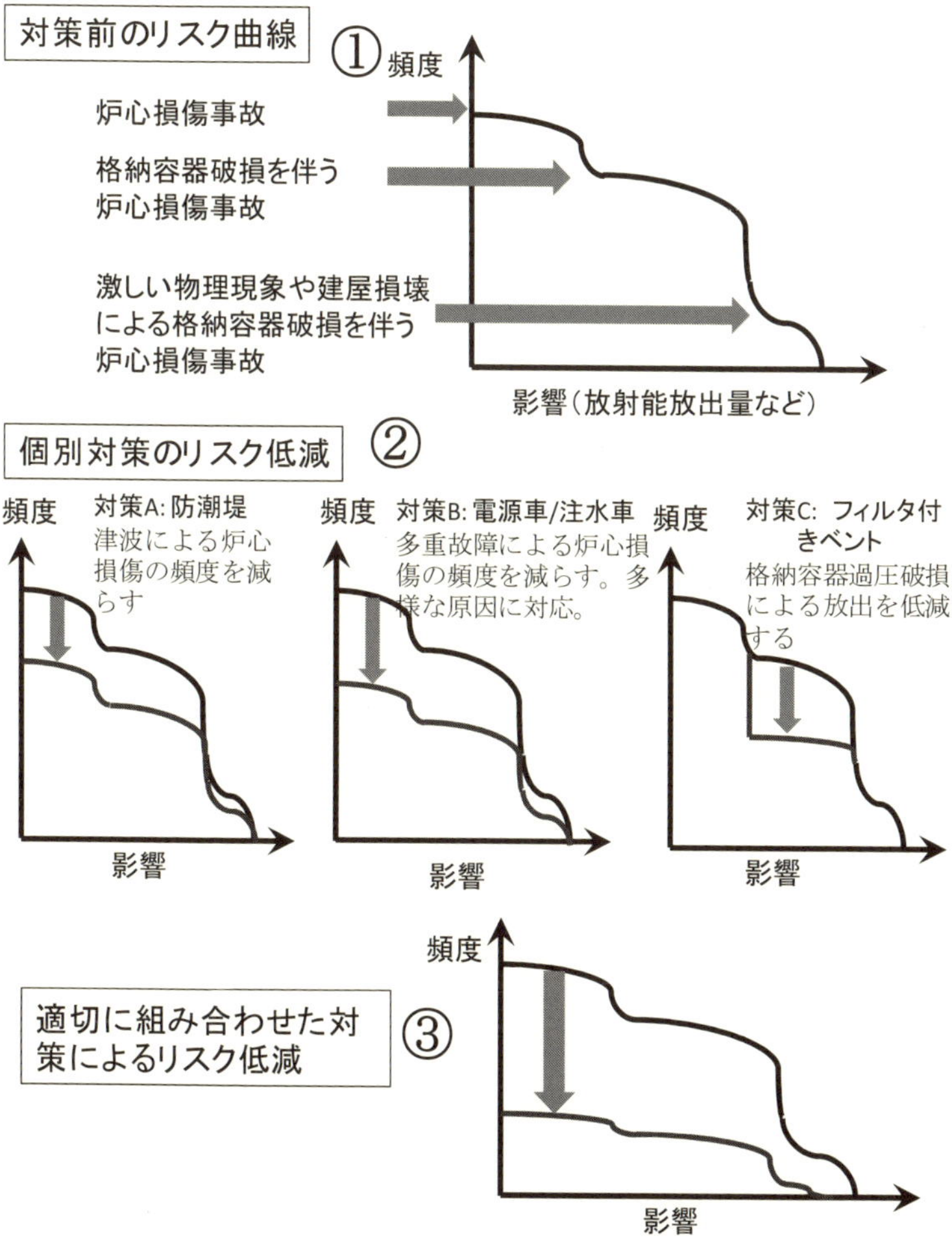

付録図 3-1　対策を組み合わせたリスク低減

参考文献（本文中に番号で明示した）

参1　科学技術国際交流センター出版　原子力政策への提言（第一分冊）「原子力発電所が二度と過酷事故を起こさないために―国、原子力界は何をなすべきか―」平成二八年一月二〇日

参2　日本原子力学会「リスク評価の理解のために」原子力学会標準委員会技術レポート二〇一六年四月

参3　平成一二年の原子力安全白書

参4　東京電力報告書「福島原子力事故の総括および原子力安全改革プラン」

参5　日本学術会議　工学システムに対する社会の安全目標工学システムの報告書、二〇一四年九月一七日

参6　ISO31000 リスクマネジメントシステム

参7　ISO/IEC Guide51　〝安全の定義〟

参8　日本原子力学会　標準委員会　技術資料　平成二五年四月九日　AESJ-SC-TR005「原子力安全の基本的考え方について―第1編　原子力安全の目的と基本原則」

参9　ＩＡＥＡ事務局長報告書　ＩＡＥＡ，〝The Fukushima Daiichi Accident - Report by the Director General,〟2015.
http://www-pub.IAEA.org/MTCD/Publications/PDF/Pub1710-ReportByTheDG-Web.pdf

参10　ＩＡＥＡ〃福島第一事故‐事務局長報告書（【参9】の和訳）
http://www-pub.IAEA.org/MTCD/Publications/PDF/SupplementaryMaterials/P1710/Languages/Japanese.pdf
参11　原学会標準委員会 技術レポート、〃リスク評価の理解のために〃、AESJ-SC-TR009:2016
参12　EPRI「Safety and Operational Benefits of Risk-Informed Initiatives」、二〇〇八
参13　原子力規制委員会、第1回規制委員会資料6-2、放射性物質放出量と発生頻度との関係（概念図）、平成二五年四月三日、二〇一三
参14　原子力安全・保安院、第15回地震・津波に関する意見聴取会、資料15-3-2、平成二四（二〇一二）年三月二八日
参15　例えば、関西電力HPより
http://www.kepco.co.jp/corporate/energy/nuclear_power/anzenkakuho/tsunami.html
参16　蛯沢 勝三、第3回京都大学原子炉実験所 原子力安全基盤科学研究シンポジウム講演資料、二〇一四 京都大学芝蘭会館
参17　第35回原子力委員会資料第2号、二〇一三
参18　平成二四年度防災白書、図表1-1-26、二〇一二
参19　原子力規制委員会、〃緊急時の被ばく線量及び防護措置の効果の試算について〃、第5回委員会資料2、二〇一四
参20　Use and Development of Probabilistic Safety Assessment An Overview of the situation at

the end of 2010, NEA/CSNI/R（2012）11, December 2012

参21　Summary Record of the 15th Meeting of the Working Group on Risk Assessment, 5-7th March 2014 OECD Conference Centre, Paris, France, NEA/SEN/SIN/WGRISK（2014）1, 13-Feb-2015.

参22　Summary Record of the 16th Meeting of the Working Group on Risk Assessment, 4-6th March 2015 OECD Conference Centre, Paris, France, NEA/SEN/SIN/WGRISK（2015）1, 02-Oct-2015.

その他の参考資料

1）国会事故調　東京電力福島原子力発電所事故調査委員会報告書　平成二四年七月五日

2）政府事故調　東京電力福島原子力発電所における事故調査・検証委員会　最終報告、資料編　平成二四年七月二三日

3）民間事故調（日本再建イニシアティブ）　福島原発事故独立検証委員会報告書　平成二四年二月二八日

4）東京電力株式会社　福島原子力事故調査報告書　平成二四年六月二〇日

用語説明等

①略語

AM	Accident Management	アクシデントマネジメント
AMG	Accident Management Guideline	アクシデントマネジメント策
AOO	Anticipated Operational Occurrences	通常運転時の異常な過渡変化
APWR	Advanced Pressurized Water Reactor	改良型加圧水型原子炉
ARI	Alternative Rods Injection	代替制御棒挿入
ASME	American Society of Mechanical Engineers	米国機械学会
ATWS	Anticipated Transients Without Scram	スクラム不能過渡変動
BWR	Boiling Water Reactor	沸騰水型原子炉
CAMS	Containment Atmospheric Monitoring System	格納容器雰囲気モニタ系（放射線レベルの検出）
CDF	Core Damage Frequency	炉心損傷頻度
CRD	Control Rod Drive	制御棒駆動機構
DBA	Design Basis Accident	設計基準事故
DBE	Design Basis Event	設計基準事象
DECs	Design Extension Conditions	設計拡張状態
ECCS	Emergency Core Cooling System	非常用炉心冷却系
EDG	Emergency Diesel Generator	非常用ディーゼル発電機
EOP	Emergency Operation Procedure	事故時運転操作手順書[徴候ベース]

EPR	European Pressure Reactor	欧州加圧水型炉
FP	Fission Products	核分裂生成物
HF	Human Factor	人的因子
IAEA	International Atomic Energy Agency	国際原子力機関
IC	Isolation Condenser	非常用復水器
ICRP	International Commission on Radiological Protection	国際放射線防護委員会
INES	International Nuclear and Radiological Event Scale	国際原子力事象評価尺度
LOCA	Loss of Coolant Accident	原子炉冷却材喪失事故
NEI	Nuclear Energy Institute	原子力エネルギー協会(米国)
NRC	Nuclear Regulatory Commission	原子力規制委員会(米国)
NUREG	Nuclear Regulatory Commission Report	NRC が発行している原子力関係の規制文書の総称
OECD/NEA	Organization for Economic Cooperation And Development/ Nuclear Energy Agency	経済協力開発機構/原子力機関
PA	Public Acceptance	公衆による受容
PBq	Peta Becquerel	ペタベクレル、ペタ$=10^{15}$
PCV	Primary Containment Vessel	格納容器
PDCA	plan-do-check-act	計画→実行→評価→改善
PRA	Probabilistic Risk Assessment	確率論的リスク評価

PSA	Probabilistic Safety Assessment	確率論的安全評価
PWR	Pressurized Water Reactor	加圧水型軽水炉
R/B	Reactor Building	原子炉建屋
RIR	Risk Informed Regulation	リスク活用規制
RPV	Reactor Pressure Vessel	原子炉圧力容器
SA	Severe Accident	シビアアクシデント（過酷事故）
SAM	Severe Accident Management	シビアアクシデント・マネジメント
SBO	Station Blackout	全交流電源喪失
SFP	Spent Fuel Pool	使用済み燃料プール
S/P	Suppression Pool	圧力抑制プール（WWと同じ）機能は同じでも
SRV	Steam Safety-relief Valve	蒸気逃し安全弁
TBq	Tera Becquerel	テラベクレル、テラ＝10^{12}
TMI	Three Mile Island	スリーマイル島原子力発電所
WENRA	Western European Nuclear Regulators Association	西欧原子力規制者協会

②用語説明

IPE	Individual Plant Examination。発電所個別の耐性評価
JCO 臨界事故	1999 年 9 月 30 日、東海村㈱JCO の核燃料加工施設内で核燃料を加工中に、ウラン溶液が臨界状態に達し核分裂連鎖反応が発生、この状態が約 20 時間持続した。これにより、至近距離で中性子線を浴びた作業員 3 名中、2 名が死亡、1 名が重症となった他、近隣住民 667 名の被曝者を出した。
PAZ	Precautionary Action Zone（予防的防護措置を準備する区域）。原子力発電所の状態などが、ある一定の緊急事態になった場合、基本的には放射性物質が環境中へ放出される前の段階で、予防的に避難を開始したり安定ヨウ素剤を服用したりする区域。（発電所からおおむね 5 キロメートル圏内）
TMI 事故	1979 年 3 月 28 日、アメリカ合衆国東北部ペンシルベニア州のスリーマイル島 (TMI: Three Mile Island) 原子力発電所で発生した重大な原子力事故。原子炉冷却材喪失に伴い炉心溶融に至り、僅かではあるが環境へ放射性物質の放散をもたらした事故で、国際原子力事象評価尺度 (INES) においてレベル 5 と評価された。
UPZ	Urgent Protective action Planning Zone（緊急時防護措置を準備する区域）。屋内退避を基本として避難に備える区域。放射性物質の放出後に、空気中の放射線値などを基に、必要に応じて避難や飲食物の摂取制限などを実施する。（約 30km 以内）
アクシデントマネジメント	シビアアクシデントの防止及び万一、シビアアクシデントに至った際に、その影響を緩和するために、施設の設計に含まれる安全余裕や当初の安全設計上想定した本来の機能以外にも期待しうる機能またはそうした事態に備えて設置した機器等を有効に活用することによって行う対応。
安全文化	「原子力施設の安全性の問題が、すべてに優先するものとして、その重要性にふさわしい注意が払われること」が実現されている組織・個人における姿勢・特性（ありよう）を集約したもの。
イベントツリー（ET）	システムに不具合が発生したとき、それを補償する各種の安全対策が失敗するか成功するかを網羅的に調べ上げる樹形図のこと。

エラーファクター	発生する確率分布の中央値から分布の広がりを示す。分散ともいう。
格納容器破損頻度（CFF）	単位時間・プラント当たりの格納容器破損事故の発生回数，又はその期待値（Containment Failure Frequency）。これを放射性物質の放出量を制限して管理する格納容器隔離機能喪失頻度（CFF-1）と、管理できない放射性物質の放出条件とする管理放出機能喪失頻度（CFF-2）の二つの制限として設けることも提案されている、CFF-2では制限値をCs137の放出量100TGqが10^{-6}を与えている。
核分裂生成物	核分裂によって生じた核種（FP: Fission Products）、主に質量が90から130前後の核種を指す。代表的なものはセシウム137、ストロンチウム90がある。これらは放射性廃棄物での放射線と崩壊熱の主要な要因となる。
過酷事故	過酷事故は，住民に与える影響まで含めた概念であり、設計基準を超え事故にまで進展し、放射性物質の放出により住民にその影響として直接被害や、間接被害まで与える事態となり得る全ての事象をさす。従来の規制機関では、「過酷事故」を「シビアアクシデント」と言ってきたが､原子力規制委員会設置法では「重大事故」とされている。シビアアクシデントは、「設計基準事象を大幅に超える事象であって、安全設計の評価上想定された手段では適切な炉心の冷却または反応度の制御ができない状態であり、その結果、炉心の重大な損傷に至る事象」と定義されてきた。結果として、格納容器の隔離機能の著しい低下により放射性物質が環境中へ大量に放出される事態も含まれる。設計基準事象とは、原子炉施設を異常な状態に導く可能性のある事象のうち、原子炉施設の安全設計により炉心の損傷及び敷地外へ異常な放射性物質の放出を伴わない事象をいう。
確率密度及び確率密度分布	ある事象の発生する可能性は事前には予測できず，確率Ｐに従って出現すると見なすとき，発生の可能性を関数で表し、これを積分すると全体として１となるように表したものを確率密度といい、その分布確率密度分布という。

確率論的安全評価	原子力施設で起こり得る事故・故障を対象として、その発生頻度と影響を定量的に評価する手法。
確率論的ハザード	ハザードを表現するに当たって、その大きさごとの発生頻度、あるいは、発生頻度ごとの大きさで表現したもの。どの誘因事象も、一般的には大きなものほど発生頻度は低い。
基準地震動	安全設計において想定する地震動。
機能性化	規制機関の定める技術基準（規制基準）は、要求される性能を中心とした規定（性能規定）とし、それを実現するための仕様には選択の自由度を与える。
クリフエッジ	発電所の一つのパラメータの小さな逸脱の結果、発電所の状態が突然大きく変動すること。
原子力安全	住民である人とそこに住むための環境を，原子力を利用する活動によって生じる可能性のある悪影響を受けることがないように守ること。
高速増殖炉	核分裂の結果発生する高速中性子を減速させることなく，連鎖反応を起こさせる原子炉であって，消費した燃料よりも多く核燃料物質を生成するもの。
コンセンサス	「コンセンサス」はしばしば「合意」と翻訳されるが、同義ではない。コミュニケーションの場では関係者全員のコンセンサスが得られないことも生じる。いくつかの論点については「合意」の意味でのコンセンサスが形成されなかったとしても、異論を認めた上で、その事実認識を行い、方向性に合意することがコンセンサスを形成するという。後者のコンセンサス（メタ・コンセンサスと呼ぶ）までを含めてのコンセンサスの形成という。
サイバー攻撃	コンピューターシステムやネットワークを対象に、破壊活動やデータの窃取、改ざんなどを行うこと。
サポート系機器	フロントライン系の機能を支援する系統（サポート系）を構成する機器。
残余のリスク（残存リスク）	策定された基準地震動を上回る地震動の影響が施設に及ぶことにより、施設に重大な損傷事象が発生すること、施設から大量の放射性物質が放散される事象が発生すること、あるいはそれらの結果として周辺公衆に対して放射線被ばくによる災害を及ぼすことのリスク。本リスクの最小化が求められる。

シーケンス	進展事象を精緻化し詳細化するという意味。
シビアアクシデント	過酷事故と同義で用いるが、ここでは、過酷事故一部の事態を指す。
深層防護	原子炉の深層防護では、レベル1：異常の発生防止、レベル2：異常の拡大及び事故への進展の防止、レベル3：事故の拡大防止と環境への影響緩和、レベル4：過酷事故の防止、万一、発生した場合の影響緩和対策、レベル5：防災。
ステークホルダー	利害関係者。
設計拡張状態	設計基準事故としては考慮されない事故の状態であり、原子力発電所の設計プロセスの中で最適評価手法に従って考慮され、放射性物質の放出が許容制限値以内に制限される事故。設計拡張状態はシビアアクシデント状態を含む。
設計基準事故（Design Basis Accident：DBA）	従来の評価指針の「事故」と同じ定義にする。規制委は現在提案中の新安全基準で、「事故」を「設計基準事故」と呼ぶようになっている。「設計基準事故」についても必ずしも統一された定義はない。本来、各設備の設計においては、「設計基準事象」の項で述べたように、設備ごとに異なる設計基準事象が定められる。しかし、一方で、施設全体の安全については、設計基準の内か外かと論じられることも多い。
設計基準事象（Design Basis Event：DBE）	施設及び設備の安全設計及び安全評価のために想定する事象。従来の安全評価では、評価指針において、施設の異常状態（運転中の異常な過渡変化及び事故）を想定して、施設全体の安全性能が十分なことを確認している。また、設計指針において、個々の安全設備について、「設計基準ハザード」（基準地震動や想定津波）もしくは想定する異常状態（運転中の異常な過渡変化、事故及び格納容器設計用想定事象）を想定して、当該設備が所定の安全機能を果たすことを確認していることがある。今後ある範囲のシビアアクシデントまで設計で対処（たとえば、フィルタードベントの設置）することになれば、その時想定するシビアアクシデントも設計基準事象となる。

設計基準ハザード (Design Basis Hazard：DBH)	設計に当たって、この大きさまでのハザードに耐えられるようにしようと想定するハザード。DBH の呼び方は誘因事象によって異なっており、地震動については「基準地震動」、津波については「想定津波高さ」、テロ行為については「設計基礎脅威」と呼んでいる。 なお、ある誘因事象がDBH を超えたからといって、深層防護におけるいわゆるレベル4の事象になったわけではない。たとえば、基準地震動を超す地震動が生じても、地震計によって設計通り運転が停止する以外には、施設が本来有している安全裕度により何の機器故障も起きなければレベル2の事象である。
多重性	例えば同種の非常用電源を必要な容量以上、複数機備えるなど、予備機・予備システムを設けて、一つが故障しても残った設備が作動すること。
多様性	例えば原子炉を止める方法として、制御棒の挿入と、ほう酸溶液の注入という二通りの方法を設けるなど、異なる機構の設備を複数機備えること。
チェルノブイリ事故	1986年4月26日、ソビエト連邦のチェルノブイリ原子力発電所4号炉で発生した重大な原子力事故。国際原子力事象尺度（INES）において最悪のレベル7（深刻な事故）に分類された事故となった。
独立性	二つ以上の系統又は機器が設計上考慮する環境条件及び運転状態において、共通要因又は従属要因によって、同時にその機能が阻害されないことをいう。運転するためのシステムと安全を確保するためのシステムは、それぞれ独立して機能する設計とし、一方の故障が他方に影響しないことが求められる。
トランス・サイエンス	ワインバーグが提唱した概念（Weinberg, Alvin M.(1972）, Science and Trans-Science)。科学によって提起されるが、科学の知識のみによっては答えることができない領域。
ハザード	各誘因事象の大きさ（あるいは、強さ、高さ)。
バックチェック	遡って調べること。新たな安全基準が策定された場合、既存の機器がその基準に適合するかどうか確認すること。
バックフィット	最新の基準に適合するために、既存の設備に対して最新の技術・知見を取り入れる更新・改造を実施すること。

フィルタードベント	フィルター付き格納容器のベント設備を用いて原子炉格納容器から蒸気を放出することを言う。放射性物質を100分の1から1000分の1に低減することができると言われている。沸騰水型原子力発電所（BWR）では格納容器に貯めている水を通して放出する仕組みであるウェットベントの場合でも、その割合は10分の1から100分の1程度以上とも言われている。フィルターベントとも言う。
フォールトツリー（FT）	頂上事象について、ANDゲート及びORゲートなどの論理記号を使用して、その発生の原因をたどって樹形状に展開した図式。(Fault Tree)
フロントライン系機器	所定の機能を直接果たす系統（フロントライン系）を構成する機器。
ベクレル	放射能の量を表す単位。SI単位系の一つ。1秒間に放射性核種が1個崩壊すると1Bqとなる。
ペデスタル	原子炉圧力容器下部空間。
ベント	格納容器下部の圧力制御室のプール水を通して排気するウエットベントと大気に直接放出するドライベントがある。
溶融デブリ	燃料の崩壊熱によって溶かされた燃料、燃料被覆管、燃料集合体構成要素や炉内構造物の大小様々な塊。
リスク	一般に危険、不測可能性をいうが、本書では望ましくない事象の発生確率とその事象による被害の大きさとの積和または組み合わせをいう。
リスクマネジメント	リスクについて，組織を指揮統制するための調整された活動。
炉心スプレイ系	原子炉の非常用冷却装置として位置付けられる緊急炉心冷却装置の中で、圧力容器の上部から水を散布して、炉心を冷却する装置。高圧炉心スプレイ系と低圧炉心スプレイ系に分類される。
炉心損傷事故	設計基準を大幅に超える事象であって，炉心の冷却又は反応度の制御ができず、炉心損傷に至るもの。
炉心損傷頻度（CDF）	単位時間・プラント当たりの炉心損傷事故の発生回数、又はその期待値（Core Damage Frequency）。

原子力政策への提言（第一分冊）

原子力発電所が二度と過酷事故を起こさないために

―国、原子力界は何をなすべきか―

◆監修：原子力発電所過酷事故防止検討会編集委員会

［主な内容］

発行者　公益社団法人科学技術国際交流センター

定価　一〇〇〇円＋税